全国信息通信专业咨询工程师继续教育培训系列教材

丛书主编 张同须 侯士彦

通信电源供电及节能技术

侯士彦 刘希禹 程劲晖 郭武 滕达

彭广香 严华 谢拥华 井辉 著

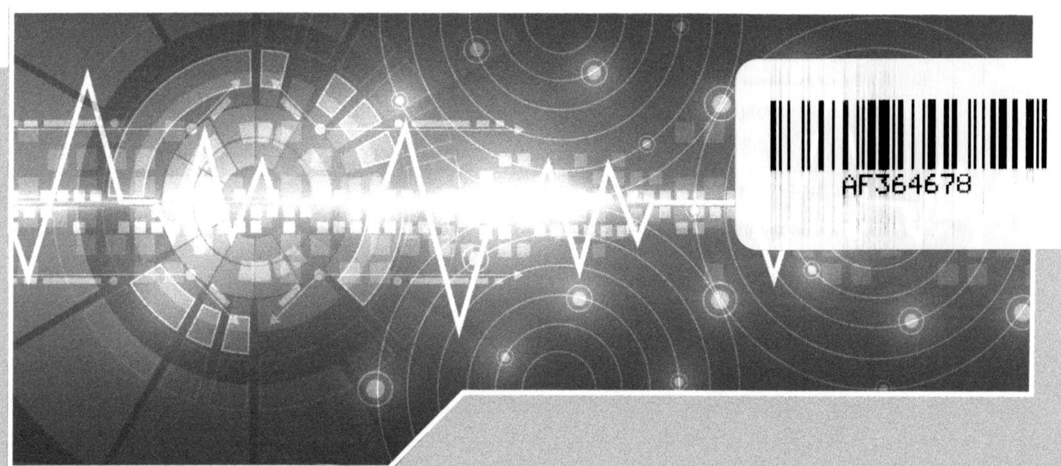

COMMUNICATION POWER
SUPPLY AND ENERGY-SAVING
TECHNOLOGIES

人民邮电出版社

北 京

图书在版编目（CIP）数据

通信电源供电及节能技术 / 侯士彦等著． -- 北京：
人民邮电出版社，2016.7
全国信息通信专业咨询工程师继续教育培训系列教材
ISBN 978-7-115-41788-6

Ⅰ. ①通… Ⅱ. ①侯… Ⅲ. ①通信设备－电源－继续
教育－教材 Ⅳ. ①TN86

中国版本图书馆CIP数据核字 (2016) 第089454号

内 容 提 要

通信电源共分为 5 章。第一章和第二章主要介绍高、低压交流供电系统，直流供电系统及其系统组成、系统运行方式、主要技术指标和设备配置等内容，并简述了直流系统的发展方向。第三章主要介绍了动力环境监控系统的组网结构、监控对象和监控内容以及未来发展方向。第四章主要介绍了通信局站的防雷与接地技术的现状和未来发展趋势，以及相关的规范要求。第五章主要对各项节能减排新技术进行归纳概述，并对其中部分技术进行详细介绍。

本书是全国信息通信专业咨询工程师继续教育培训系列教材的通信电源部分，也可作为通信行业广大管理人员、技术人员及其他从业人员的参考学习资料。

◆ 著　　　　　侯士彦　刘希禹　程劲晖　郭　武　滕　达
　　　　　　　　彭广香　严　华　谢拥华　井　辉
　　责任编辑　　牛晓敏
　　责任印制　　彭志环

◆ 人民邮电出版社出版发行　　北京市丰台区成寿寺路 11 号
　　邮编　100164　　电子邮件　315@ptpress.com.cn
　　网址　http://www.ptpress.com.cn

　　印张：9　　　　　　　　　　2016 年 7 月第 1 版
　　字数：182 千字　　　　　　2016 年 7 月河北第 1 次印刷

定价：49.00 元

读者服务热线：(010)81055488　印装质量热线：(010)81055316
反盗版热线：(010)81055315

全国信息通信专业咨询工程师继续教育培训系列教材

编 委 会

主 任 委 员

> 张同须　中国移动通信集团设计院有限公司院长

副主任委员

> 侯士彦　中国移动通信集团设计院有限公司副总工程师

委 员

> 颜海涛　中国移动通信集团设计院有限公司规划所副所长
> 《信息通信市场业务预测与投资分析》编写组组长
>
> 高军诗　中国移动通信集团设计院有限公司有线所副所长
> 《光通信技术与应用》编写组组长
>
> 高　鹏　中国移动通信集团设计院有限公司技术部总经理
> 《无线通信技术与网络规划实践》编写组组长
>
> 吕红卫　中国移动通信集团设计院有限公司网络所所长
> 《核心网架构与关键技术》编写组组长
>
> 崔海东　中国移动通信集团设计院有限公司采购物流部总经理
> 《数据与多媒体网络、系统与关键技术》编写组组长
> 《IT 支撑系统与关键技术》编写组组长
>
> 侯士彦　中国移动通信集团设计院有限公司副总工程师
> 《通信电源供电及节能技术》编写组组长

陈　勋　中国联通网络技术研究院规划部主任
　　　　《信息通信市场业务预测与投资分析》编写组副组长

曾石麟　广东省电信规划设计院有限公司北京分院技术总监
　　　　《信息通信市场业务预测与投资分析》编写组副组长

沈艳涛　中国移动通信集团设计院有限公司有线所咨询设计总监
　　　　《光通信技术与应用》编写组副组长

王　云　广东省电信规划设计院有限公司综合通信咨询设计院副院长
　　　　《光通信技术与应用》编写组副组长

魏贤虎　江苏省邮电规划设计院有限责任公司网络通信规划设
　　　　计院副院长
　　　　《光通信技术与应用》编写组副组长

陈崴嵬　中国联通网络技术研究院网优与网管技术研究部主任
　　　　《无线通信技术与网络规划实践》编写组副组长

曾沂粲　广东省电信规划设计院有限公司电信咨询设计院院长
　　　　《无线通信技术与网络规划实践》编写组副组长

单　刚　华信咨询设计研究院有限公司副总工程师
　　　　《无线通信技术与网络规划实践》编写组副组长

甘邵华　中讯邮电咨询设计院有限公司郑州分公司交换与信息部总工程师
　　　　《核心网架构与关键技术》编写组副组长

彭　宇　华信咨询设计研究院有限公司移动设计院副院长
　　　　《核心网架构与关键技术》编写组副组长

余永聪　广东省电信规划设计院有限公司电信咨询设计院总工程师
　　　　《核心网架构与关键技术》编写组副组长

丁亦志　中国移动通信集团设计院有限公司网络所高级咨询设计师
　　　　《数据与多媒体网络、系统与关键技术》编写组副组长

倪晓熔　中国移动通信集团设计院有限公司网络所资深专家
　　　　《IT 支撑系统与关键技术》编写组副组长

刘希禹　中讯邮电咨询设计院有限公司原电源处总工程师
　　　　《通信电源供电及节能技术》编写组副组长

程劲晖　广东省电信规划设计院有限公司建筑设计研究院副院长
　　　　《通信电源供电及节能技术》编写组副组长

序　言

作为曾在邮电通信战线战斗过的老兵，受通信信息专业委员会之邀为全国信息通信专业咨询工程师继续教育培训系列教材作序，欣然之情溢于言表。

2015 年 8 月，中国工程咨询协会启动了咨询工程师继续教育，这是工程咨询行业的一件大事，对于加强咨询工程师队伍建设，完善咨询工程师职业资格制度，促进工程咨询业健康可持续发展将发挥重要作用。

工程咨询是以技术为基础，综合运用多学科知识、工程实践经验、现代科学和管理方法，为经济社会发展、投资建设项目决策与实施全过程提供咨询和管理的智力服务。作为工程咨询的从业人员，咨询工程师需要具备广博、扎实的经济、社会、法律、技术、工程、管理等领域的理论知识和实践经验。随着我国经济社会的快速发展和改革开放的不断深入，国家及地方投资建设领域新的政策、法规、规范标准不断出台，工程咨询相关领域的新理论、新技术、新方法层出不穷，这些都要求咨询工程师努力适应日新月异的形势和市场变化，与时俱进，不断学习、掌握、了解各类新事物，为经济社会发展和各类投资主体提供更优质的、专业化的服务。

为配合行业继续教育的开展，中国工程咨询协会通信信息专业委员会以高度负责的精神，组织通信信息全行业的专家、精英，倾力编写出通信信息专业咨询工程师继续教育培训系列教材，内容全面、充实，反映了通信信息行业在技术、投资咨询等领域最新发展成果和未来发展趋势，对提高通信信息专业咨询工程师专业素质和能力必将起到积极作用。在此我对通信信息专委会和参与编写教材的专家学者表示衷心的感谢，对你们所取得的成果表示祝贺。

咨询工程师队伍的素质和能力，决定着工程咨询的质量和水平，以及工程咨询业在经济社会发展中的地位。希望全国广大咨询工程师牢固树立终身教育的理念，积极参加继续教育，不断提高自身素质和能力，努力把工程咨询业发展成为学习创新型行业，真正成为各级政府部门和各类投资主体的智库和参谋。

中国工程咨询协会会长

2016 年 1 月

前　言

为建立健全咨询工程师（投资）职业继续教育教材体系，满足通信专业咨询工程师参加继续教育的需要，受中国工程咨询协会委托，中国工程咨询协会通信信息专业委员会组织编写了全国信息通信专业咨询工程师继续教育培训系列教材。该教材作为通信行业咨询工程师继续教育的专业培训用书，为本行业咨询工程师参加继续教育培训提供了必要的帮助。

全国信息通信专业咨询工程师继续教育培训系列教材共分 7 册：《信息通信市场业务预测与投资分析》、《光通信技术与应用》、《数据与多媒体网络、系统与关键技术》、《核心网架构与关键技术》、《IT 支撑系统与关键技术》、《无线通信技术与网络规划实践》、《通信电源供电及节能技术》。本系列教材丛书出自通信行业各类专家之手，既有较深入的技术探讨，也有作者多年的最佳实践总结。课程内容紧密结合了工程咨询业务的实际需要，从体现更新知识、提高职业素质和业务能力的原则出发，尽量使教材内容具有一定的前瞻性，突出了内容的新颖和实用，平衡了基础知识与新技术更新方面的内容比例，使课程内容做到与公共课程的衔接，避免了内容重复交叉，且结合本专业特点对公共课相关内容加以细化、深化和延伸。

本系列教材的编写从起草到修编历时 6 年，历经国家相关政策的多次调整，在行业专业委员会各委员单位和行业专家的积极推动和鼎力支持下，终于出版了。广大通信行业咨询设计从业人员藉此有了一个更便捷的学习平台。在此我们要感谢中国工程咨询协会和中国通信企业协会通信建设分会相关领导和同志们的关心与指导，还要特别感谢所有参编单位的大力支持！他们是：中国移动通信集团设计院有限公司、广东省电信规划设计院有限公司、中讯邮电咨询设计院有限公司、江苏省邮电规划设计院有限责任公司、华信咨询设计研究院有限公司。

为传播优秀经验，推广创新技术，我们与人民邮电出版社合作出版此系列教材，希望此教材能为行业从业人员在职业生涯发展上提供一定的帮助与支持，为我国信息通信行业的大发展做出更大的贡献！

再次感谢积极组织、参加教材编写的各位领导和专家，感谢您们长期以来对中国工程咨询协会通信信息专业委员会广大会员的支持与关爱。相信在大家的共同努力下，我国信息通信事业的发展会取得更大的进步！

张同颂

中国移动通信集团设计院有限公司

中国工程咨询协会通信信息专业委员会

2016 年 1 月

目　录

第1章
交流供电系统

1.1　交流供电系统的组成

通信用交流供电系统一般是由市电电源、高低压变配电系统、备用发电机系统、不间断电源系统以及相应的电源馈线组成。市电作为主用交流电源，发电机组作为备用交流电源。

1.2　市　电　电　源

1.2.1　市电电源构成

市电电源系统由发电厂、变电所、电力线路及电力配电设备组成。

1.2.2　市电类别

通信局（站）所需的交流电源宜利用市电作为主用电源。根据通信局（站）

所在地区的市电供电条件、线路引入方式及运行状态，YD/T 5040-2005《通信电源设备安装工程设计规范》将市电分为 4 类。

（1）**一类市电**

一类市电供电是从两个可靠的独立电源各自引入一路供电线，两路电源不应同时出现检修停电的情况，平均每月停电次数不应大于 1 次，平均每次故障时间不应大于 0.5h。两路供电线宜配置备用市电自动投入装置。

（2）**二类市电**

二类市电供电应符合下列条件之一：

① 由两个以上独立电源构成稳定可靠的环形网上引入一路供电线；

② 由一个稳定可靠的独立电源或从稳定可靠的输电线上引入一路供电线。

二类市电供电允许有计划地检修停电，平均每月停电次数不应大于 3.5 次，平均每次故障时间不应大于 6h。

（3）**三类市电**

三类市电供电是从一个电源引入一路供电线，供电线路长、用户多，平均每月停电次数不应大于 4.5 次，平均每次故障时间不应大于 8h。

（4）**四类市电**

四类市电供电应符合下列条件之一：

① 由一个电源引入一路供电线，经常昼夜停电，供电无保证；

② 出现季节性长时间停电或无市电可用的情况。

1.2.3　市电的质量标准

（1）**供电电压及频率**

低压供电：单相为 220V，三相为 380V。

高压供电：10kV、20kV、35kV、110kV、220kV、500kV。

通信局（站）常用的电压等级为 10kV、35kV。

供电频率：50Hz。

（2）供电电压及频率允许偏差

35kV 及以上供电电压正、负偏差的绝对值之和不超过额定电压的 10%。

（注：如供电电压上下偏差同号（均为正或负）时，以较大的偏差绝对值作为衡量依据。）

20kV 及以下三相供电电压允许偏差为额定电压的 ±7%。

220V 单相供电电压允许偏差为额定电压的 +7%、−10%。

对供电点短路容量较小、供电距离较长以及对供电电压有特殊要求的用户，由供、用电双方协议确定。

供电频率允许偏差为 ±0.5Hz。

1.2.4　变电所设置原则

应根据通信局（站）的规模及用电负荷建设变电所，其选址主要注意以下几个方面。

（1）靠近负荷中心。

（2）进出线方便。

（3）设备运输方便。

（4）不应设在厕所、浴室或其他经常积水场所的正下方或附近。

（5）不应设在有剧烈震动的场所。

（6）不宜设在多尘、有水雾（如大型冷冻塔）或有腐蚀性气体的场所等。

1.3　高压供电系统

1.3.1　高压供电系统的组成

高压供电系统是由市电电源、高压开关设备、变压器、直流操作电源及馈电线路组成。

1.3.2　系统运行方式

1.3.2.1　两路市电主备用供电

当两路市电供电，一主一备运行时，主备用电源的切换有以下三种方式。

（1）当主用市电停电时，备用电源自投；当主用市电恢复时，主用电源自复（同时兼有手动操作功能）。

（2）当主用市电停电时，备用电源自投；当主用市电恢复时，手动切除备用电源，主用电源再投入运行。

（3）当主用市电停电时，备用电源手动合闸；当主用市电恢复时，手动切除备用电源，主用电源再投入运行。

1.3.2.2　两路市电分段供电

当两路市电分段供电、分负荷运行时，高压供电系统有以下两种运行方式。

（1）高压供电系统的两段母线间不设置母联开关，在低压供电系统两路市电供电的变压器间设母联开关。当其中一路市电停电时，母联开关合闸，由另一路市电保证重要负荷的用电。

（2）高压供电系统的两段母线间设置母联开关，当其中一路市电停电时，母联开关采用自动或手动合闸（首先要判断低压侧总负荷的情况），由另一路市电保证（重要）负荷的用电。

1.3.2.3　市电电源与高压发电机组电源的转换

市电电源与高压发电机组电源的转换在高压供电系统上进行，转换形式可为两个断路器之间的转换，也可采用自动转换开关（ATS）进行转换，转换方式为自动或手动，两者之间的转换应具备机械和电气联锁功能，以确保设备、供电及人身安全。

1.3.3　设备选择

1.3.3.1　高压开关设备的选择

应立足于国内产品（国产或合资），要求技术先进、质量可靠、运行安全、便于维护、体积小，一般选用中置式、固定式等柜型，高压开关柜的防护等级不低于 IP4X。

1.3.3.2　变压器选择

变压器在室内安装时应选择干式变压器，应选用节能型变压器（包括非晶合金变压器）。

适合通信局（站）的变压器接线类型为 Dyn11 型。

1.4　低压供电系统

1.4.1　低压供电系统的组成

低压供电系统是由市电电源、低压开关设备、配电设备及馈电线路组成。

1.4.2　低压交流供电系统

1.4.2.1　设计原则

（1）首先应保证设备的供电质量及供电的可靠性。

（2）低压配电系统应根据工程总负荷容量、设备的用电性质及馈电分路要求综合考虑确定。

（3）系统接线应力求简单、灵活、操作安全、维护方便。

（4）系统及机房的设计应兼顾远期的发展。

1.4.2.2　低压交流供电系统的切换

低压交流供电系统的切换应包括 3 个部分：两路市电电源在一级低压供电系统上的切换、市电与备用发电机组供电系统的切换及通信用电力机房交流引入电源的切换。

（1）**两路市电电源在一级低压供电系统上切换的要求**

① 应具备电气联锁功能，确保设备、供电及人身安全。

② 两个变压器之间设置切换开关，当主用变压器停止供电时，备用变压器投入供电；在两段低压供电系统间设有母联开关，当一台变压器故障时，可通过母联开关将负荷切换至正常变压器上继续运行。应注意确保原分配在两台变压器上的负荷可由一台变压器承担，否则应舍弃部分非重要负荷。

（2）**市电供电电源与备用电源切换的要求**

① 应具备机械和电气联锁功能，确保设备、供电及人身安全。

② 小型局（站）可考虑直接在发电机房室内或电力机房内切换。

③ 大型局（站）应选择在低压配电室内进行切换。

（3）**电力机房交流引入电源切换的要求**

为保证电力机房交流供电的可靠性，尽量减少低配馈电分路，便于楼内电源通道的规划和及时掌握电力机房的交流用电情况，建议电力机房配置总交流配电设备，该设备应由二路电源供电，互为备用。两路电源的切换同样应具备机械和电气联锁功能。

1.4.3　低压配电设备的选择

低压配电设备的选择，除低压配电屏的结构形式（固定分隔、固定分隔抽出式、固定分隔插拔式）外，最关键的是低压电器元件的选择。工程中常用的低压电器有断路器、隔离开关、负荷开关、转换开关等。

1.4.4　通信局（站）常用的供电系统

通信局（站）常用的供电系统如图 1-1 所示。

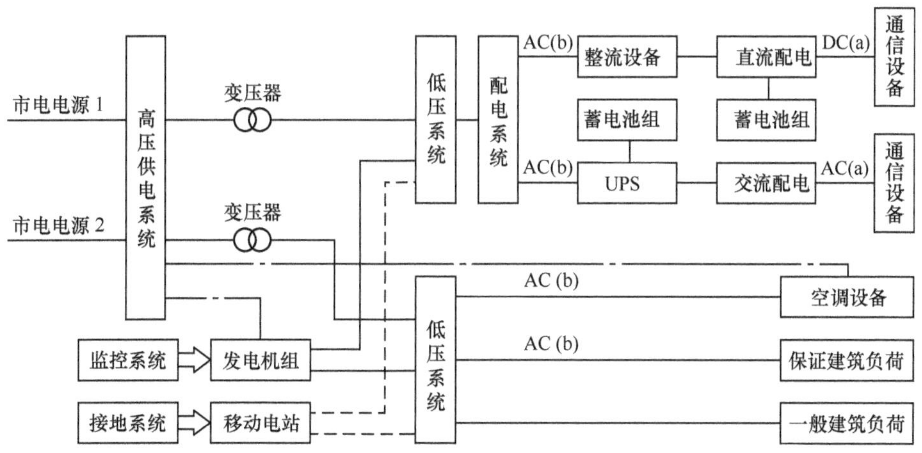

图注：— - — 供电线路表示空调设备、发电机组的电压等级为10kV

（a）不间断　　　（b）可短时间中断

图 1-1　供电系统接线示意

1.5　发电机供电系统

1.5.1　发电机供电系统的组成

发电机供电系统由发电机组（高压发电机组、低压发电机组）、配电设备、接地设备（高压发电机组）、储（供）油设备及馈电线路组成。

1.5.2　发电及供电系统运行方式

高压发电机组宜采用并机运行方式，低压发电机组宜采用单机运行方式。

并机运行的高压发电机组应配置接地电阻设备，其中性线宜通过接触器及串接电阻进行接地，并保持其中一台发电机组所接的接触器闭合。

1.5.3　发电机组的选择

备用发电机组的容量计算应考虑机组安装地点的海拔高度、降噪工程及负载特性对其发电能力的影响。

高压发电机组单机容量不宜小于 1600kW。

1.6　UPS

1.6.1　UPS 的组成

UPS 由 UPS 主机、蓄电池组、输入配电设备、输出配电设备及相应馈电线路组成。

1.6.2　UPS 的运行方式

UPS 分为 $N+1$ 并联冗余供电方式、$2N$ 双总线供电方式，除上述两种供电方式外，还有 $3N$ 双总线供电方式。

根据供电对象的重要程度，可采用不同类型的 UPS，如图 1-2、图 1-3 所示。

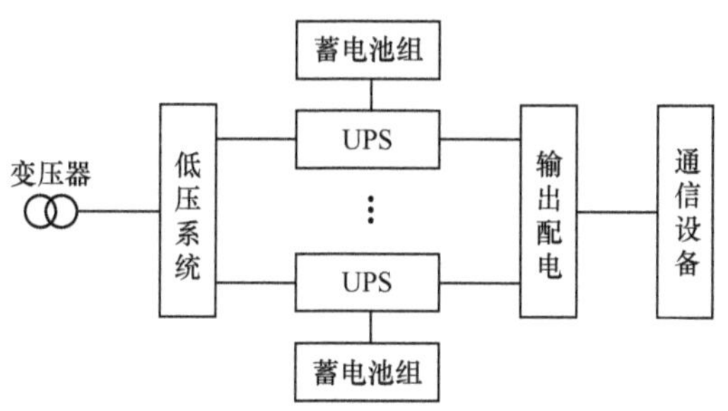

图 1-2　N+1 并联冗余 UPS 方框示意

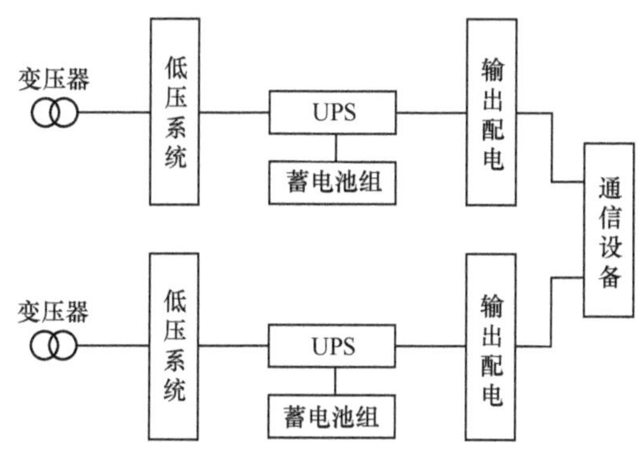

图 1-3　$2N$ 双总线 UPS 方框示意

重要的负载应采用 $2N$ 双总线 UPS 供电，一般负载可采用 N+1 并联冗余模式 UPS 供电。UPS 负荷较大的局（站）应考虑 UPS 输入谐波对发电机组的影响。

给末端通信设备（小区接入网设备、移动通信直放站等）供电的室外一体化 UPS 可采用单机工作方式。

1.6.3　UPS 及蓄电池组的选择

1.6.3.1　UPS

随着交流并联技术的逐步成熟，可选用模块化 UPS 组成可靠性较高的并联冗余供电系统。

1.6.3.2　蓄电池组

蓄电池组是 UPS 中不可缺少的重要组成部分。蓄电池组在系统中作为储能设备，当外部交流供电突然中断时，通信设备的正常工作将会受到威胁，而蓄电池组作为系统供电的后备保护，可提供 0.25～3h 或更长时间的不停电电源。因此，蓄电池组是系统供电的最后保证，也是维持正常通信的最后保障。

阀控式密封铅酸蓄电池自 20 世纪 80 年代问世以来，由于其具有无酸雾溢出，不污染环境，使用中不需加水，维护量小及安装使用方便等优点，在通信电源系统中已被广泛应用。目前，通信局（站）供电系统中的大部分蓄电池组为阀控式密封铅酸蓄电池。蓄电池单体电压为 2V、6V 或 12V。

思 考 题

1. 简述市电有几种类别，判断标准分别是什么？

2. 市电供电电压和频率的允许偏差是多少？

3. 变电所选址应主要考虑哪些方面？

4. 高压供电系统的运行方式都有哪些？

5. 低压交流供电系统的设计原则是什么？

6. 简述低压交流供电系统的切换方式。

7. UPS 全称是什么，UPS 有哪些工作方式和系统组成方式？

第2章
直流供电系统

2.1　直流供电系统概述

直流供电系统是向通信局（站）提供直流（基础）电源的供电系统。根据原信息产业部颁布的《通信局（站）电源系统总技术要求》规定，-48V为直流基础电源。除 -48V 基础电源外，还有 240V 和 336V 直流供电系统。在实际应用中，如果必须采用 24V 或者其他直流电压种类的电源，一般通过直流－直流变换器的方式将 -48V 基础电源变换成 24V 或其他直流电压等级的电源。

根据通信局（站）规模容量及直流负荷大小、性质、种类的不同，直流供电系统可以采用分散式供电和集中式供电两种方式。根据供电电源种类的不同，直流供电系统又可分为常规式供电和混合式供电两种方式。

（1）分散式供电

设置 2 套以上的独立直流供电系统分别向不同的通信设备（系统）供电。

由于分散式供电的供电系统设置地点靠近通信设备，供电线路损耗（直流回路压降）相对较小。另外，若其中一套供电系统出现故障，只会造成局部通信中断，影响面及造成的损失也相对较小。但此方式的系统（设备）多、维护量大、占地面积相对较多。

（2）集中式供电

设置一套直流供电系统向通信局（站）的所有通信设备（系统）供电。

此供电方式系统（设备）少、维护工作量小、占地面积也较少。由于是一套供电系统集中供电，一旦供电系统出现故障，将会造成全局（站）通信中断，其影响面及造成的损失也较大。

（3）常规式供电

输入电源为一般的市电电源和发电机组电源，经整流后向通信设备直流供电。

（4）混合式供电

在常规市电缺乏地区，利用新能源（太阳能电池、风力发电机等）经调整或变换后向通信设备直流供电。

一般大型通信枢纽由于通信设备种类众多、负荷量大，所以采用分散式常规供电；一般中、小型通信局（站）多采用集中式供电，在市电缺乏地区采用混合式供电。

2.2　直流供电系统的组成及运行方式

2.2.1　直流供电系统的组成

直流供电系统一般由高频开关整流器和与之配套的交流配电屏、直流配电屏、蓄电池组、直流－直流（DC/DC）变换器等设备及其供电母线组成。一些小型开关电源系统，往往采用结构紧凑、安装使用方便的集开关整流单元、监控单元以及交直流配电单元为一体的组合开关电源架。

2.2.1.1　交流配电屏

通信用电力机房高频开关整流器及其他通信用电设备的交流配电屏，主要用于交流电源的接入与负荷的分配，其主要功能有以下几点。

（1）具有两路交流电源引入，能进行主、备用电源转换，对两路交流电源有自动转换要求的电路必须具有可靠的机械及电气联锁。

（2）输出负荷分路可根据不同用电设备的需求而定。

（3）具有过压、欠压、缺相等告警功能以及过流、防雷等保护功能。

（4）交流配电屏应能够提供反映供电质量和交流配电屏自身工作状态的监测量，如三相电压、三相电流、市电供电状态、主要分路输出状态等，并上送监控模块。

2.2.1.2　高频开关整流器

高频开关整流器主要由若干个整流模块和监控模块组成单独的机架，将从交流配电屏引入的交流电源整流为通信设备所需的直流工作电源，其输出端与直流配电屏相连接，并通过直流配电屏的相应端子与蓄电池组和通信设备相连，对蓄电池组浮充电，并向通信设备供电。

目前使用较多的为脉宽调制型（PWM）高频开关整流器，主要由主电路、控制电路和辅助电源三部分组成。主电路完成从交流输入到直流输出变换的全过程，辅助电源则为有源网络提供所需要的各种电源。

2.2.1.3　直流配电屏

直流配电屏位于整流器与通信设备之间，主要用于直流电源的接入与负荷的分配，即整流器、蓄电池组的接入和直流负荷分路的分配，主要功能有以下几点。

（1）可接入两组蓄电池。

（2）负荷分路及容量可根据系统实际需要确定。

（3）具有过压、欠压、过流保护和低压告警以及输出端浪涌吸收装置。

（4）能够对蓄电池组充、放电回路以及主要输出分路进行监测。

（5）移动基站所的直流配电单元具有低电压两级切断保护功能。

2.2.1.4　蓄电池组

蓄电池组是直流供电系统中不可缺少的重要组成部分。蓄电池组在系统中是作为储能设备，当外部交流供电突然中断时，通信设备的正常工作受到威胁，而蓄电池组作为系统供电的后备保护，可提供 0.25 ～ 20h 或更长时间的不停电电源。因此，蓄电池组是系统供电的最后保证，也是维持正常通信的最后保障。

目前，通信局（站）的直流供电系统中大部分蓄电池为阀控式密封铅酸蓄电池。蓄电池单体电压一般为 2V。

2.2.1.5　直流 - 直流变换器

直流 – 直流变换器（DC/DC）是一种将直流基础电源转变为其他电压等级的直流变换装置。目前通信设备的直流基础电源电压规定为 -48V，由于在通信系统中仍存在 24V（通信设备）及 ±12V、±5V（集成电路）的工作电源，因此有必要将 -48V 基础电源通过直流—直流变换器变换到相应电压种类的直流电源，以供各种设备使用。

2.2.2　直流供电系统的主要技术指标

直流供电系统是大多数通信设备的供电电源，其供电指标的好坏对通信设备的工作影响极大，主要的技术指标有直流输出电压的允许变动范围、直流供电回路全程的最大允许压降，直流供电系统的主要技术指标见表 2-1。

（1）直流输出电压的允许变动范围是指通信设备输入端子处的正常工作电压的允许变动范围。多种通信设备（如交换、IDC、传输、基站等）共用的直流供电系统的直流输出电压的允许变动范围应按工作电压允许变动范围最窄的通信设备考虑。

（2）直流供电回路全程最大允许压降是指从蓄电池输出端至通信设备输入端子处的全程直流供电回路最大允许电压降。

表 2-1　直流供电系统的主要技术指标

基础电压（V）	-48	240	336
电压允许变动范围（V）	$-57 \sim -40$	$204 \sim 288$	$260 \sim 400$
供电回路全程最大允许压降（V）	3.2	12	20

2.2.3　直流供电系统的运行方式

交换局直流供电系统组成如图 2-1 所示，采用 -48V 全浮充供电方式。在市电正常时，交流市电经过高频开关电源的整流，向蓄电池组浮充，并对通信设备供电。当市电（故障）停电而发电机组未启动供电时，由蓄电池组放电并向通信设备不间断供电，其允许放电时间一般为 1 ～ 2h；当发电机组或市电恢复供电时，直流供电系统先经低压限流充电而后转入浮充方式供电。

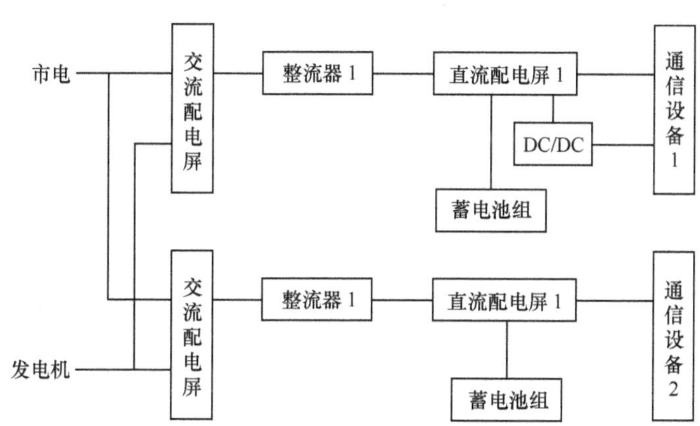

图 2-1　交换局直流供电系统组成

移动基站、光缆、微波中继站的直流供电系统一般也采用 -48V 全浮充供电方式。在市电正常时，经过组合开关电源架上的整流模块与蓄电池并联浮充，并向通信设备供电；当市电（故障）停电而移动发电机组未供电时，先由蓄电池组并联放电，并向通信设备供电；当蓄电池放电至第一级切断电压设置点（3h 左右）时，自动断开负荷较大的基站设备，以保证传输设备较长时间（20h 左右）正常运行；若市电停电时间较长而移动发电机组未上站时，那么当蓄电池放电至终止电压时会自动断开电池输出，以免蓄电池继续放电造成蓄电池的损坏。因此，移动发电机组应在蓄电池放电至终止电压前上站发电，以免造成通信的中断。

在没有市电的移动基站、光缆、微波中继站，将考虑采用太阳能电池及风力发电机等新能源供电，其直流供电系统为充放电或半浮充的工作方式。无市电移动基站的太阳能供电系统如图 2-2 所示。

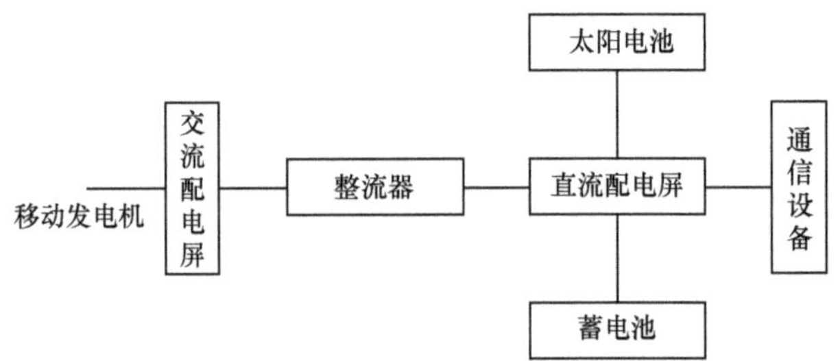

图 2-2　无市电移动基站的太阳能供电系统

2.2.4　直流供电系统设备的配置原则

直流供电系统的设备配置和导线选择应根据通信局（站）各种通信设备近、远期的直流负荷统计确定，包括高频开关整流器、蓄电池组、交流配电屏、直流配电屏的容量和数量以及导线的线径与规格型号。

（1）交、直流配电屏的容量按远期负荷配置，其输出负荷分路可根据用电设备的需求而定。

（2）高频开关整流器的容量应满足近期通信负荷，并考虑为蓄电池组充电所需的负荷。整流模块的数量应采用 $N+1$ 冗余的配置方式。

（3）供电系统蓄电池组的总容量应能满足规定的允许放电时间要求。

（4）直流供电母线的线径应能满足载流量及直流放电回路全程最大允许压降要求。

2.3　直流供电系统的未来发展趋势

-48V 直流供电系统在通信领域里的应用已经较为成熟和完善，24V 电压等级的直流供电系统已基本淘汰，该直流供电系统主要为交换、传输、基站等设备供电，也为少部分数据设备供电。

随着互联网业务的飞速发展，数据业务大幅度增加，原有的用 UPS 为数据设备供电的方式逐渐显露出各种弊端。一种新型的高压直流供电系统备受关注，其显著优点是，与 UPS 相比，减少了中间电源变换级（取消了逆变器和功率因数矫正器），蓄电池组与整流器并联浮充。当交流输入电源故障时，系统中的蓄电池组直接为负载供电，故可靠性较高。与 -48V 直流电源相比，在同样的功率下负载电流较小，减少了损耗，因此提高了整个系统的效率和可靠性。而且，原材料的消耗也比采用低电压时小；与 UPS 相比，高压直流电源系统提高了可维护性。

2008 年开始，中国电信在盐城开展了 240V 直流供电系统替代 UPS 的试验和测试。2009 年，中国移动开始了 336V 直流供电系统替代 UPS 的研究和测试。目前，240V 直流和 336V 直流电源系统已经在国内数据中心规模应用。

2012 年，欧洲 ESTI 最先发布数据中心用高压直流电源接口标准 EN 300 132-3-1，国际电联制订了高压直流供电系统的国际标准 ITU-T L.1200。按照这两个标准，400V 的高压直流供电系统已作为新的正规直流电源，进入世界范围的电信能源系统，其应用范围和数量正在逐步扩大。400V 高压直流供电系统采用 168 只 2V 的铅酸电池时，在国内也称为 336V 高压直流供电系统，其电源接口和电压标准与国内推动的 336V 直流电压系统一致。

思 考 题

1. 直流供电系统的一般组成是什么？

2. 直流供电系统的全程压降是多少？

3. 通信用直流基础电源的电压是多少？

4. 直流供电系统的供电方式有哪些？

5. 试说明直流供电系统的未来发展趋势。

第3章
动力及环境集中监控系统

3.1　概　　述

3.1.1　动力及环境集中监控系统的作用

随着我国通信事业的快速发展，通信网的规模不断扩大，通信局（站）的数量越来越多，其中存在着大量无人值守的通信局（站），如移动基站、接入网、固话模块局、光缆中继站等，目前很多综合通信楼也将逐步实现少人、无人值守。

电源、空调等动力设备及机房环境是保障通信系统安全稳定运行的基础，因此动力设备的维护必须及时、可靠，以保障通信系统的正常运行，为用户提供高质量的通信服务。面对数量众多、站址分散的通信局（站），单纯依靠传统的人工轮巡维护方式已经无法满足高质量维护的需求。

通信局（站）动力及环境集中监控管理系统（以下简称动力监控系统）实施后，通过该监控系统可以实时对各类动力设备和机房环境进行监控，及时发现故障，提示维护人员采取必要的措施解决问题，提高了维护质量，已成为动力维护一种必要而且有效的手段。

3.1.2 动力及环境集中监控系统的发展及应用

20 世纪 80 年代末，我国的电信事业处于蓬勃发展的起步阶段，而通信局（站）的动力设备种类繁杂，加之当时自动化程度很低，维护难度很大，如何保证动力设备的正常运行、提高维护质量成为一个亟待解决的问题。

1992 年，原邮电部设计院和广州市电信局合作研究试验成功广州长途枢纽楼通信电源集中监控系统。随着通信局（站）维护体制改革的需要，很多省市也相继开展了动力集中监控系统的研究和实施。

早期的动力监控系统建设主要是以固话本地网为单位，一般一个地区建设一个三级网络结构——监控单元、区域监控中心、地区监控中心。1996 年，动力监控系统的建设开始在原中国电信内部大规模展开，此时的建设重点主要是地区和县级的通信综合楼，部分地区纳入了少量的固话模块局和移动基站。

近年来，各运营商加快了动力维护体制改革的步伐，促进了动力监控系统的建设。目前，国内各通信运营商基本上都完成了动力环境监控本地网的构建，监控的通信局（站）包括大规模通信综合楼、移动基站、固话模块局、光缆中继站等各类通信局（站）。随着对动力环境监控系统需求的不断变化，动力监控系统还结合了防盗报警、节能减排和资产管理等功能。

在应用的行业中，动力监控系统除了在通信运营商得到了广泛应用，在其他有通信调度及监控需求的行业也都得到了应用，如电力、石化、防汛调度、银行等行业的动力设备监控等。

3.2　动力及环境集中监控系统技术原理

3.2.1 动力及环境集中监控系统的组网结构

动力监控系统采用逐级汇接的基本结构，一般由监控中心（Supervision

Center，SC）、区域监控中心（Supervision Station，SS）、监控单元（Supervision Unit，SU）和监控模块（Supervision Module，SM）构成，如图 3-1 所示。

各部分定义如下。

监控中心是为适应集中监控、集中维护和集中管理的要求而设置，动力监控系统的建设可以相对独立，也可以根据维护需求成为综合网管的一个组成部分。动力监控系统可以在各级监控中心通过 D 接口完成与其他网管信息的交互或纳入综合网管系统。

区域监控中心是为满足本地县、区级的管理要求而设置的，负责辖区内各监控单元的管理。对于固话网络，区域监控中心是一个县、区的概念。而对于移动网络而言，由于其组网不同于固话本地网，则相对弱化了这一级。

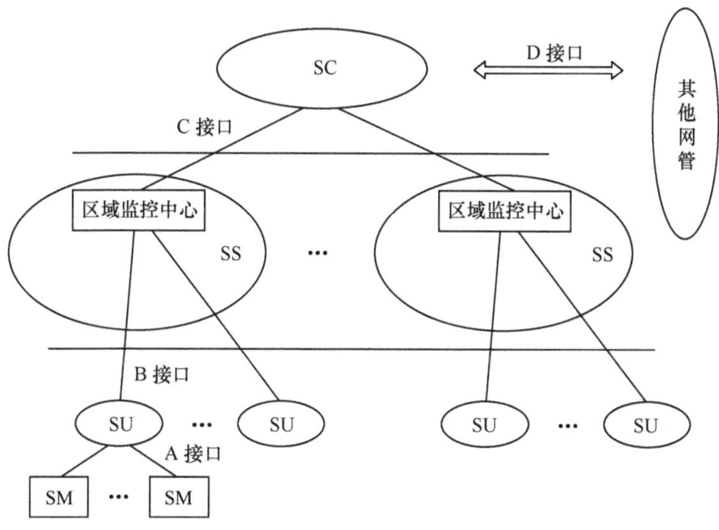

图 3-1　通信局（站）动力及环境集中监控管理系统结构

监控单元是监控系统的最小子系统，由若干监控模块和其他辅助设备组成，监控范围一般为一个独立的通信局（站）。

监控模块指完成特定设备管理功能，并提供相应监控信息的设备，如具有通信接口的各类动力设备，其控制模块具有对本设备的监控管理功能，同时进行对外信息的交互，就属于监控模块的范畴。

动力监控系统可以灵活地组织成各种类型的网络结构，便于系统地互联互通，使监控系统的建设更加规范化、标准化，目前对于网络结构不同级别之间进行了接口的定义。

（1）监控模块与监控单元之间的接口定义为"前端智能设备协议"—A接口。

（2）监控单元与上级管理单位之间的接口定义为"局数据接入协议"—B接口。

（3）区域监控中心或监控中心之间，或不同监控系统之间互联的接口定义为"系统互联协议"—C接口。

（4）监控中心与上级网管之间的接口定义为"告警协议"—D接口。

以上4类接口中，A、C、D三种接口都已经制订了详细的标准，相关内容可以参见 YD/T 1363—2005《通信局（站）电源、空调及环境集中监控管理系统》。

3.2.2 动力及环境集中监控系统的传输

对于监控系统而言，获取监控数据是监控的最终目的，传输方式则是实现这一目标不可缺少的手段，监控系统的组网与通信系统能够提供的传输方式具有密切的关系。

3.2.2.1 监控模块和监控单元之间的传输

监控模块与监控单元都位于监控现场，距离较近，一般采用专用数据总线。在以上几种物理接口中，RS232 和 RS485/422 是应用最为普遍的。

3.2.2.2 监控单元以上各级的传输

从地理位置而言，监控单元与各级监控中心不在同一个地方，根据监控单元所处通信局（站）规模的不同，可以为监控系统提供的传输资源差别很大。对于大型的通信局，SU 到各级监控中心（SS 或 SC）的传输资源十分丰富，如 2M、IP 及其他专用传输网络等；对于基站、模块局等小型站点，传输资源相对有限，目前基本采用抽取 2M 时隙、2M 环、短信、GPRS 等；而对于光缆中继站，传输资源则相对匮乏，需要根据具体情况进行分析。

因此，在实际工程中，需要根据通信网络现状，采用合理的传输方式。

3.2.3　动力及环境集中监控系统的监控对象和监控内容

动力监控系统的监控对象包括通信局（站）所有的电源、空调等动力设备以及环境量，监控内容则是监控对象可以提供的监控点的集合。通信局（站）主要有以下监控对象及内容，见表 3-1。

表 3-1　动力环境监控系统主要监控对象和监控内容

序号	设备名称	监控对象	监控类型	监控内容
1	柴油发电机组	柴油发电机组	遥测	三相输出电压，三相输出电流，输出频率/转速，水温（水冷），润滑油油压，润滑油油温，启动电池电压，输出功率，液（油）位
			遥信	工作状态（运行/停机），工作方式（自动/手动），主备用机组，自动转换开关（ATS）状态，过压，欠压，过流，频率/转速高，水温高（水冷），皮带断裂（风冷），润滑油油温高，润滑油油压低，启动失败，过载，启动电池电压高/低，紧急停车，市电故障，充电器故障（可选）
			遥控	开/关机，紧急停车，选择主备用机组
2	不间断电源	不间断电源	遥测	三相输入电压，直流输入电压，三相输出电压，三相输出电流，输出频率，标示蓄电池电压（可选），标示蓄电池温度（可选）
			遥信	同步/不同步状态，UPS/旁路供电，蓄电池放电电压低，市电故障，整流器故障，逆变器故障，旁路故障
3	逆变器	逆变器	遥测	交流输出电压，交流输出电流，输出频率
			遥信	输出电压过压/欠压，输出过流，输出频率过高/过低

（续表）

序号	设备名称	监控对象	监控类型	监控内容
4	整流配电设备	交流屏	遥测	三相输入电压，三相输出电流，输入频率（可选）
			遥信	三相输入过压／欠压，缺相，三相输出过流，频率过高／过低，熔丝故障，开关状态
		整流器	遥测	整流器输出电压，每个整流模块输出电流
			遥信	每个整流模块工作状态（开／关机，均／浮充／测试，限流／不限流），故障／正常
			遥控	开／关机，均／浮充，测试
		直流屏	遥测	直流输出电压，总负载电流，主要分路电流，蓄电池充、放电电流
			遥信	直流输出电压过压／欠压，蓄电池熔丝状态，主要分路熔丝／开关故障
5	直流—直流变换器	直流—直流变换器	遥测	输出电压，输出电流
			遥信	输出过压／欠压，输出过流
6	蓄电池组	蓄电池组	遥测	蓄电池组总电压，每只蓄电池电压，标示电池温度，每组充、放电电流，每组电池安时量（可选）
			遥信	蓄电池组总电压高／低，每只蓄电池电压高／低，标示电池温度高，充电电流高
7	分散空调设备	分散空调设备	遥测	空调主机工作电压，工作电流，送风温度，回风温度，送风湿度，回风湿度，压缩机吸气压力，压缩机排气压力
			遥信	开／关机，电压、电流过高／低，回风温度过高／低，回风湿度过高／低，过滤器正常／堵塞，风机正常／故障，压缩机正常／故障
			遥控	空调开／关机，温度设定
8	环境	环境	遥测	温度，湿度
			遥信	烟感，温感，湿度，水浸，红外，玻璃破碎，门窗告警
			遥控	门开／关

  表 3-1 列举了动力环境监控的主要监控对象和监控内容。在实际工程中，还存在大量的其他监控对象，如高压设备、低压设备、变压器等。另外，随着技术的不断发展进步，还会有大量的新设备，如风力发电设备。

需要指出的是，在监控工程中，不能机械地照搬监控内容，不能监测点不分主次，使监控系统成了大量监测点的堆积，而应该根据系统和维护需求，科学组网，选择合理的监控对象和监控内容。

3.3　动力及环境集中监控系统的发展方向

3.3.1　组网 IP 化

目前监控系统在通信局（站）内一般采取 RS485/422 总线组网，从 SU 向上大多采用 TCP/IP 组网。

从监控的发展趋势看，TCP/IP 网络已经在许多行业得到广泛的应用，这将是动力监控系统的一个发展方向。目前，已经有监控厂商的产品在 SM 配置了网络接口，整个监控系统可以全网采用 TCP/IP 组网，监控中心可以直接对 SM 进行访问获取数据，对于任一监控模块的割接、新增监控模块的入网等都可以很方便地完成，对于图像监控也可以与数据一起传输，组网十分灵活。

3.3.2　监控对象和系统功能的不断完善

动力监控系统的监控对象一般是动力设备及环境量，监控的目的也是完成三遥量的监控。维护需求的不断发展，导致对监控系统提出了更高、更全面的要求。

首先，对监控对象的要求更加全面。监控对象不仅要包括常规的动力设备和环境量，在一些特定的通信局（站），还包括了诸如安全防盗、配线架强电入侵等监测，取得了良好的效果。

在增加监控对象的同时，监控系统的功能也在不断完善，智能化要求也越来越高，如利用监控系统实现对机房空调的节能控制，对动力设备资产的管理和统计，供电系统间的调配等。

3.3.3　监控系统的开放性进一步加强

监控系统的开放性包括底端采集设备的互联和监控系统各级间（分别为A、B、C、D接口）的互联。目前，相关的标准规范已经对各级接口进行了详细的规定，在新的监控工程中应严格要求厂商按照相关规范执行，严格的测试手段对于今后监控系统的规范化建设大有裨益。

思 考 题

1. 监控系统的作用是什么？
2. 监控系统的拓扑结构是什么？
3. 动力环境监控系统应监控哪些对象？
4. 监控传输网络的发展方向是什么？

第4章
通信局站的防雷与接地

4.1　技术发展现状

4.1.1　概述

我国通信行业的防雷接地技术经过几十年的探索，已经基本与国际接轨。在 20 世纪 60 年代，虽然部分山区微波站开始采用联合接地方式，但通信局站的工作接地、保护接地、防雷接地仍沿用地网分设的方式。20 世纪 80 年代末，开始将联合接地应用到通信局站的地网方案中。目前通信局站的防雷接地系统，已经开始从单纯的接地电阻要求向优化接地网结构的方向发展。

我国通信局站防雷接地技术的发展现状可以用以下两个方面概括。

（1）防雷接地技术不断提高，相关标准同国际标准逐步接轨，并且重视与国情融合。

（2）实际工程中防雷接地水平参差不齐，尚需要对防雷接地新技术标准进一步宣传并贯彻执行。

4.1.2　防雷接地主要技术

雷害侵入通信局站主要包括以下三种途径：建筑物遭受直击雷、雷电沿局外电气线路入侵、局外空间的雷电电磁脉冲在电气线路中引起感应雷电流与过电压。通信局站大部分的雷击为沿局外电气线路入侵的感应雷击。

通信局站的综合防雷接地主要措施可分为外部防雷和内部防雷两个方面，具体技术包括直击雷防护、联合接地、等电位连接、电磁屏蔽、合理布线和协同配合的多级浪涌保护器（SPD）防护等。

4.1.2.1　通信局站外部防雷措施

通信局站的外部防雷措施主要是指避雷针系统，由接闪器、引下线和接地网组成，主要用于直击雷防护。保护原理是将雷电流吸引到接闪器上，并将其安全导入大地，从而保护附近的被保护物免遭雷击。通信局站的建筑物、天线、天面设备都应在接闪器的保护范围之内，采用滚球法确定保护范围。

通信局站的接闪器存在两种形式：一种是利用安装在楼顶上的避雷针或铁塔上的避雷针，这种避雷针易吸引雷电，会增加雷击概率；另一种做法则是不采用避雷针，直接在楼面敷设避雷带，或暗设避雷网，这种做法不会主动引雷，但在有天面设施时需要加装避雷针。

避雷线一般用于保护传输线（包括电力和通信线）。当微波站或移动基站无法埋地敷设高低压电力和通信传输引入线时，可通过在架空引入线路上方架设钢绞线，实现直击雷防护。

4.1.2.2　通信局站内部防雷措施

通信局站的内部防雷包括等电位连接、接地、屏蔽、浪涌保护等措施，主要用于减小和防止雷电流（包括操作过电压等其他过电压）产生的电磁危害。

室内等电位连接。等电位连接分为防雷等电位连接和电气安全等电位连接，是将分开的导电装置各部分用等电位连接导体进行等电位连接，这样可以减少雷击或电气装置故障时可能在这些部分之间产生的电位差。防雷等电位连接还包括不能直接相连的带电体和信号线，当出现危及线路和设备安全的过电压时，通过浪涌保护器进行瞬时等电位连接。

通信局站的等电位连接网络结构分为网型（M 型）、星型（S 型）和星型 - 网状混合型接地。等电位连接网采用 S 型还是 M 型，除考虑通信设备的分布和机房面积的大小外，还应根据通信设备的抗扰度及设备内部的接地设计方式进行选择。

进出局站电力线缆防护措施。进出局站的电力线缆主要分两类：一类是给通信局站供电的市电高低压线缆；另一类是给局外设备供电的供电线缆。

通信局站高低压供电线缆最易遭受雷害侵入，是通信局站防雷最重要的防护端口。对电力高低压线的雷击防护措施包括采用避雷线预防直击雷，在架空线终端杆上对地装设氧化锌浪涌保护器，入局线缆埋地、屏蔽（金属层或钢管屏蔽）保护、屏蔽层接地，并在各级配电端口处进行浪涌保护。

局外设备的供电线缆，主要包括对塔灯、彩灯、安全保护设备、天面（塔顶）通信设备（如 RRU）的供电线路。由于供电对象处于局站最高端，极容易遭受雷击，这些供电端口也是通信局站防雷的重要端口，其保护措施主要包括供电线缆屏蔽、屏蔽层接地，并在线缆两端接口进行 SPD 保护等。

通信电源系统的浪涌保护，须依照分级保护、逐级协调的原则，正确确定各级 SPD 的安装位置，保证级间的能量配合（通流容量选择）、时间配合（安装间距）要求。同时还需根据交流供电线路的接零接地方式选择其保护模式，根据当地的市电条件正确选用系列参数。

进出局站通信线缆防护措施。进出局站的通信线缆通常也分两类：一类是通信电缆、光缆；另一类是通信局站天面上的无线设备的天馈线。

通信线缆一般都有金属部件，如金属导线、金属加强芯、金属护套等，是雷电引入的主要来源。由于局站的通信电缆、光缆数量多，引入雷电概率大，因此线缆是通信局站防雷重点之一。通信线缆的雷电防护措施主要包括线缆的屏蔽保护、屏蔽层接地，在通信线路一端或者两端安装信号 SPD。对于有金属加强芯的光缆，通用的防雷措施是将室外光缆内的金属加强芯在接头处断开后，不进行电气连接和接地处理，在直埋光缆上方设置排流线，并一定要做好局站内光缆的金属加强芯的接地处理工作。

无线设备的天馈线位于局站最高端，易引来雷击，故天馈线也是局站雷电防护的重点对象之一。天馈线的雷电防护措施主要包括避雷针系统（安装在铁塔或支撑杆上的直击雷防护措施）、屏蔽保护（同轴馈线的屏蔽层）、屏蔽层接地分流保护（三点接地）、馈线 SPD 保护等。

进出局站接地端口防护措施。当通信局站建筑物遭受直击雷袭击或者雷电沿局站外金属线缆进入机房时，雷电流入大地会产生地电位上升现象，可能造成设备间的危险过电压。接地端口防护措施包括联合接地和等电位连接等，联合接地系统将通信局站的防雷接地、保护接地、工作接地、屏蔽接地统一在同一个地网平台上，有效降低了地网间的危险过电压；等电位连接的目的是形成局站内部的均衡地电位，这是避免地电位反击的有效措施。

4.2　系统演进及新技术发展

4.2.1　新技术发展

4.2.1.1　现代防雷工程已经成为全方位防护、综合治理、层层设防的系统工程

通信局站的防雷措施以雷电浪涌保护为主，雷电浪涌与感应雷、导引雷、

直击雷有关，是多种雷电现象的综合反应。针对电磁场空间分布特性的雷电防护措施，不能当成简单的、单一的雷电浪涌保护器件应用，而是应用电磁兼容原理，根据雷电入侵的途径，对通信局站进行综合的、三维的雷电浪涌保护。

4.2.1.2　接地系统（联合接地）新技术不断采用

注重优化地网结构，从追求低工频接地电阻值到重视地网结构和地网有效面积。随着通信技术的发展，由接地电阻引起的雷击事故已大幅减少。由于地网电感的存在，工频接地电阻低的地网在雷电流作用下的冲击接地电阻并不一定满足实际要求。冲击接地电阻在一定程度上取决于地网的有效面积，与冲击电流入地点周围区域接地体的网格密度和能向周围土壤快速泄流的接地体分布有关。与工频接地电阻不同的是，冲击接地电阻并不总是随着地网面积的增大而减小，地网有效半径超过 20m 之后，地网面积的增大对冲击接地电阻的降低无太多贡献。实际工程中，雷电流入地点选择在地网的中间较边角位置，这里效果更好，在土壤电阻率较高的地区，可以使用辐射型水平接地体分散雷电流。

地网接地体材料的改进。扩大地网面积是降低接地电阻的有效办法（冲击接地电阻会随着地网面积的增大而趋于一个稳定值），但是现实条件中地网面积往往受到限制，因此改善土壤电导率成为降低接地电阻值的有效方法。新型接地材料、方案不断涌现，性能更稳定、使用寿命更长。目前常见的方法包括采用石墨降阻剂、液态树脂（凝胶）降阻剂、导电水泥降阻剂和稀土（膨润土）降阻剂，或者使用专用接地棒。

通信枢纽楼联合接地方式如图 4-1 所示。

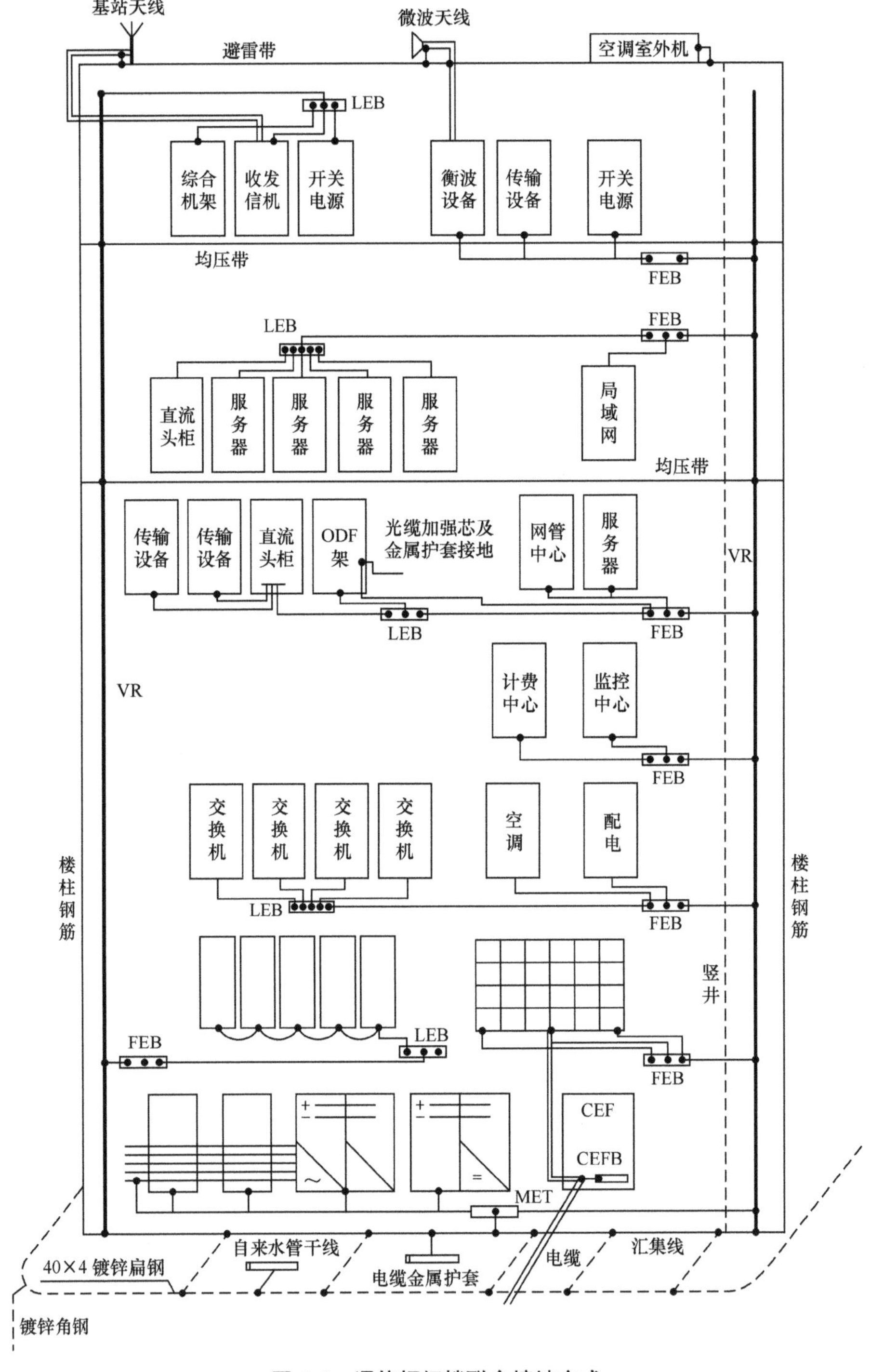

图 4-1　通信枢纽楼联合接地方式

4.2.1.3　防雷元器件的标准和生产技术不断提高

近年来 IEC 浪涌保护器系列标准在协调性、安全性、可靠性、合理性和可操作性方面均有显著改进和提高。新标准对产品的重要指标规定更明确，试验程序和条件更合理。随着技术的发展，电压开关型 SPD 产品已向残压低、无续流方向发展，已研制出了适用范围更广（B+C+D）的 SPD，MOV 型 SPD 的通流容量也朝大容量方向发展。我国 SPD 应用和研究越来越深入，防雷元器件的相关标准已同国际接轨，且根据国情进行了融合和补充。近年来我国的防雷技术水平已经有了很大的进步，国内几家生产厂商的技术和产品已经达到甚至超过了国外厂商的水平。

4.2.2　系统演进及未来发展趋势

雷电防护技术会继续朝精细保护的方向发展。随着集成电路的集成度越来越高，以及微纳米器件的出现，元件的耐受能量越来越小，变得越来越脆弱，这必然会推动防雷防护技术朝着精细保护的方向发展。

通信设备端口防护措施不断深化。随着接入网形式的变化，通信局站雷电入侵的端口不断出现新情况，如 3G 网络广泛采用分布式基站，无线基站采用风光互补发电系统等，雷电对通信局站的影响和雷害的概率都比以往更大了；同时设备应用环境的变化，如智能设备更多出现在原来属于粗保护的场合，并且随着物联网的兴起环境的变化将会越来越明显。可以预计，对通信设备（含智能化通信电源设备）关键部件和接口设备保护的进一步研究，将会朝着更深化的方向发展。

信号用浪涌保护器在线更换是需要攻克的堡垒。随着通信技术的发展，信号线路的防护日趋普遍和重要。目前大多信号用浪涌保护器串联在通信线路上，若 SPD 发生劣化或故障则需要断开通信线路进行更换，这样容易造成通信中断的发生，因此采用能在线更换的信号用 SPD 将会变得很重要。

4.3 法律法规及相关标准进展

4.3.1 法律法规

4.3.1.1 中华人民共和国气象法

《中华人民共和国气象法》于 1999 年 10 月 31 日颁布，自 2000 年 1 月 1 日起施行。该法的颁布实施对于发展气象事业、规范气象工作、准确且及时地发布气象预报、防御气象灾害、合理开发利用和保护气候资源，具有重要的意义。该法将雷电灾害防御工作纳入国家立法的高度，规范雷电防护的组织与管理，使得防雷减灾工作有法可依。

该法共有总则、气象设施的建设与管理、气象探测、气象预报与灾害性天气警报、气象灾害防御、气候资源开发利用和保护、法律责任和附则共 8 章。

4.3.1.2 防雷减灾管理办法

防雷减灾管理办法由中国气象局于 2004 年 12 月 16 日发布，自 2005 年 2 月 1 日起施行，对雷电和雷电灾害的研究、监测、预警、防护以及雷电灾害的调查、鉴定和评估方面的组织管理做出详尽的规定，明确管理部门的职责。

4.3.2 标准规范

4.3.2.1 建筑物防雷设计规范

第一版 GBJ 57—83，主要是建筑物直击雷防护；第二版 GB 50057—94，增加了防雷电波入侵、防雷电感应的内容。为适应信息系统防雷电电磁脉冲的需要，在 2000 年的增补版中引入防雷区（LPZ）、屏蔽、接地和等电位连接以及浪涌保护器等内容，使我国防雷技术逐步与国际标准接轨。第三版 GB 50057—2010，变更了防接触电压和防跨步电压的措施，补充了外部防雷装置采用不同金属物的要求，修改了防侧击的规定，详细制订了电气系统和电子系统选用电涌保护器的要求。

该规范主要内容有总则、术语、建筑物的防雷分类、建筑物的防雷措施、防雷装置、防雷击电磁脉冲等。

4.3.2.2　建筑物电子信息系统防雷技术规范

最新版为 GB 50343—2012，对电子信息系统的雷电防护做出更为详细的规定，对信息系统更具工程指导意义。

该规范主要内容有总则、术语、雷电防护分区、雷电防护等级划分和雷电风险评估、防雷设计、防雷施工、检测与验收、维护与管理。

4.3.2.3　通信局（站）防雷与接地工程设计规范

GB 50689—2011《通信局（站）防雷与接地工程设计规范》由住房和城乡建设部于 2011 年 4 月颁布，于 2012 年 5 月 1 日起实施。该规范适用于新建、改建、扩建通信局（站）防雷与接地工程的设计。

该规范主要内容有总则、术语、基本规定、综合通信大楼的防雷与接地、有线通信局（站）的防雷与接地、移动通信基站的防雷与接地、小型通信站的防雷与接地、微波、卫星地球站的防雷与接地、通信局（站）雷电过电压保护设计。

4.3.2.4　其他防雷标准

YD/T 1235.1—2002《通信局（站）低压配电系统用电涌保护器技术要求》、YD/T 1542—2006《信号网络浪涌保护器技术要求和测试方法》、YD/T 1429—2006《通信局（站）在用防雷系统技术要求及测试方法》，这些标准将我国通信局站的实际条件与各种电源 SPD 使用现状相融合，对 IEC 相关内容进行了发展与完善，形成了适合我国通信局站现状及发展趋势的浪涌保护器技术要求和测试方法，对已有的通信局站防雷系统的检查、改造、改建提供了指导原则。

思 考 题

1. 通信局站的综合防雷接地技术主要有哪些？

2. 进出通信局站的电力线缆主要类别有哪些？简述其对应的防雷接地措施。

3. 进出局站接地端口的防护措施主要有哪些？

4. 简述防雷接地新技术的发展状况。

5. 简述防雷接地技术未来的发展趋势。

6. 我国颁布了哪些防雷的法律法规？

7. 《通信局（站）防雷与接地工程设计规范》的适用范围是什么？

第5章
节能减排新技术

5.1　节能减排的要求及现状

5.1.1　节能减排的定义

广义的节能是指节约物质资源和能量资源；狭义的节能是指节约能源。

广义的减排是指减少废弃物和环境有害物（包括三废和噪声等）的排放；狭义的减排是指减少环境有害物的排放。

本章中的节能减排指的是广义的节能减排。

5.1.2　国家对节能减排的要求

我国对节能减排工作非常重视，近年来先后出台了大量的节能减排文件，明确提出了节能减排的要求和目标。

2005年9月，国务院发布了《国务院关于做好建设节约型社会近期重点工作的通知》，要求大力推进能源节约，具体包括落实重点节能工程、抓好重点耗能行业和企业节能、推进交通运输和农业机械节能、推动新建住宅和公共建筑节能、引导商业和民用节能、开发利用可再生能源、加快节能技术服务体系建设等。

2006 年 3 月，全国人大颁布的《中华人民共和国国民经济和社会发展第十一个五年规划纲要》指出，"十一五"（2006—2010 年）期间，单位国内生产总值能耗应降低 20% 左右，主要污染物排放总量应减少 10%。

2006 年 9 月，国务院发布《国务院关于加强节能工作的决定》，指出节能工作的主要目标，到"十一五"期末，万元国内生产总值（按 2005 年价格计算）能耗下降到 0.98 吨标准煤，比"十五"期末降低 20% 左右，平均年节能率为 4.4%。重点行业主要产品单位能耗总体达到或接近本世纪初国际先进水平。

2007 年 3 月，国务院印发的发改委会同有关部门制订的《节能减排综合性工作方案》（以下简称《方案》），明确了 2010 年中国实现节能减排的目标任务和总体要求。《方案》指出，到 2010 年，中国万元国内生产总值能耗将由 2005 年的 1.2 吨标准煤下降到 1 吨标准煤以下，降低 20% 左右；单位工业增加值用水量降低 30%。"十一五"期间，中国主要污染物排放总量减少 10%。到 2010 年，二氧化硫排放量由 2005 年的 2549 万吨减少到 2295 万吨，化学需氧量（COD）由 1414 万吨减少到 1273 万吨；全国设市城市污水处理率不低于 70%，工业固体废物综合利用率在 60% 以上。

2009 年 11 月，国务院决定，要求到 2020 年，我国单位国内生产总值二氧化碳排放量比 2005 年下降 40% ～ 45%，作为约束性指标纳入"十二五"及其后的国民经济和社会发展中长期规划。

2012 年 8 月，国务院印发了《节能减排"十二五"规划》，要求到 2015 年，全国万元国内生产总值能耗下降到 0.869 吨标准煤，比"十一五"期末降低 16%，平均年节能率为 3.5%，二氧化碳排放景降低 17%。

2013 年 9 月，国务院颁布了《大气污染防治行动计划》，提出经过 5 年的努力，全国空气质量总体改善，重污染天气较大幅度减少的目标。具体目标为到 2017 年，全国地级及以上城市可吸入颗粒物浓度比 2012 年下降 10% 以上，优良天数逐年提高；京津冀、长三角、珠三角等区域细颗粒物浓度分别下降约 25%、20%、15%，其中北京市细颗粒物年均浓度控制在 $60\mu g/m^3$ 左右。

5.1.3　通信行业能耗现状及目标

对于通信行业来说，企业之间的竞争越来越激烈，通信运营商收入增长越来越缓慢，开源节流成为提高经营收益的有效办法。各大运营商一方面要通过发展新业务增加业务收入，另一方面要尽量减少运营支出，特别是降低能耗费用的支出。对于通信运营商来说，其耗费的能源主要是电能。耗电按机房类型可分为通信机房耗电、管理用房耗电、经营用房耗电，通信机房的耗电占总用电量的绝大部分，其中尤以基站的耗电最多。按设备类型来分，主要耗电设备包括通信设备、空调和通信电源设备等，其中通信设备和空调耗电约各占 45%，通信电源设备耗电约占 10%。

通信行业已经是一个高耗能的行业。2012 年，我国通信行业的总耗电量接近 400 亿度，随着 3G、4G 的大规模建设，通信行业的能耗将越来越高，节能减排的任务非常艰巨。

按照国务院国有资产监督管理委员会节能减排的要求，到"十二五"期末，央企的万元产值综合能耗（可比价）应下降 16%。另外，根据通信行业"十二五"规划目标，单位电信业务量综合能耗应下降 10%，新建大型云计算数据中心的能耗效率（PUE）值应在 1.5 以下。

5.2　节能减排新技术及主要原理

5.2.1　概述

通信行业自身的节能减排技术主要包括建筑节能、通信设备节能和配套设备节能等三个方面。此外，通信技术的发展还积极推动了其他行业的节能减排工作。以下首先对各项节能技术进行归纳概述，然后对其中部分技术进行详细介绍，见表 5-1。

表 5-1　节能减排技术

通信设备节能技术	通信机房设备	数据：服务器节能技术（动态调整技术、虚拟化管理技术、采用刀片式服务器、采用单位功耗更低的芯片）
		交换：向 NGN、IMS 发展
		传输：采用 FTTx、波分等新技术
	基站无线设备	硬件节能技术：基站结构设计、基站功放技术、载波线性功放技术、分布式基站技术、采用大容量高集成度低能耗基站设备等
		软件节能技术：话务优先分配技术、载频智能下电技术、时隙级功放关断技术等
通信电源空调等节能技术	空调设备	新型空调节能技术：室外机雾化喷淋和冷凝水回收节能技术、乙二醇热交换节能技术、机房热管、新风直接引入节能技术、空调变频技术、空调水处理技术、空调冷媒控制技术、空调自适应控制技术等
		采用节能型空调：基站用室内一体化节能型空调、机房专用空调
		合理选择空调送风方式、冰（水）蓄冷技术
	通信电源	直流电源节能技术：新型高频开关电源技术、模块智能休眠技术、分布式基站集中供电技术、高压直流供电技术等
		交流电源节能技术：市电直供、市电与 UPS 混供、模块化 UPS、谐波治理等
		蓄电池节能技术：耐高温电池技术、蓄电池修复技术等
		动环监控技术：电量远程采集分析、空调和新风/热交换系统联动控制、油机调度等
	新能源	太阳能光伏供电技术、风能及多能源互补供电技术、燃料电池发电技术
	照明	合理设置照度，选用节能型灯具光源（荧光灯、节能灯、金卤灯、LED 灯等）
建筑节能技术	外墙面保温	外保温、内保温、自保温、反射涂料等
	屋面保温	架空屋面、种植屋面、加保温材料等
	楼地面保温	保温砂浆、新型保温涂料
	外门窗保温	高效节能玻璃、外部（内部）遮阳措施等
促进其他行业节能减排技术	远程会议	—
	网络融合	—
	物联网	—

5.2.2　通信设备节能技术

5.2.2.1　通信机房设备节能技术

数据专业：积极采用服务器节能技术，随着通信 IP 化和 IDC 的大规模建设，服务器的数量和耗电量迅速增加，可采取动态调整、虚拟化管理等节能技术；优先选用计算密度更高、更易于管理和扩展的刀片式服务器；积极采用单位功耗更低的芯片，每降低 1W 的芯片级功耗，由此带来的电源转换、配电系统、UPS、制冷系统和变压器等一系列的功耗降低 2.68 ～ 2.84W，这种芯片级的节能降耗，将是电信实现绿色节能的重要措施。

交换专业：积极向 NGN、IMS 方向发展，传统交换设备容量小、集成度低、占用机房面积大、电源功耗大。通过软交换设备替代传统交换设备可节省大量的电能和机房空间，同时大大提高业务的支撑和融合能力。工程建设中可采用 MSC 池和分布式 HLR 等技术减少网元和机房数量。

传输专业：积极采用 FTTx、波分等新技术，FTTx 技术可加速光进铜退进程。一方面可减少大量铜缆需求，另一方面也减少了大量的局端电源远供损耗。波分复用技术可大大减少光纤使用量，提高系统容量和可靠性，减少建设成本和维护成本。

5.2.2.2　基站无线设备节能技术

随着 3G 建设的开展，我国移动通信基站数量已超过 40 万，基站耗电甚至占到某些运营商总耗电的 80% 以上。因此，研究基站节能技术、建设节能型基站是各运营商的关注重点，基站无线设备的节能减排技术可归纳为硬件节能技术和软件节能技术。

硬件节能技术包括基站结构设计技术、基站功放技术、多载波技术、分布式基站技术及采用大容量、高集成度、低能耗的基站设备等。

（1）基站结构设计包括对基站设备机架结构进行调整，改进机架内热交换器，减少散热部件带来的额外功耗。同时基站采用低功耗的设计，使得基站的散热可以降低，从而降低对内置风扇、外部电源、空调等设备的要求，达到节电的目的。

（2）基站功放技术指采用数字预失真等技术提高功放的效率及改善功放的线性特性，通过提高集成度，支持更宽的信号频带，配合高集成度的射频器件，为基站收发信机实现多载波技术创造了条件，减少功放模块的体积。

（3）多载波技术可使各载波共享功率资源，并可以根据不同载波的话务量和所需功率进行动态、灵活分配，保证基站覆盖所需载频功率可以降低，从而有效减少插入损耗。

（4）分布式基站技术（BBU+RRU）已在 3G 建设中普遍采用，通过光纤连接基带部分与射频单元，减少馈线损耗；射频单元放置在室外，自然散热省去了温控能耗，模块化的结构易于室外安装。

（5）采用大容量、高集成度、低能耗的基站设备，可以有效节省机房空间和能耗，降低建设成本和未来扩容成本。目前主流厂商的主推新设备均具备支持单机柜七载三扇甚至更高的载波数和话务容量。

软件节能技术主要包括话务优先分配技术、载频智能下电技术和时隙级功放关断技术等。

（1）话务优先分配技术指充分利用总是处于最大功率进行发射的 BCCH 载频，新的呼叫进入时，或者是其他载频的轻负载通过 Intra-Cell Handover 切换到 BCCH 载频上，从而节省功耗。

（2）载频智能下电技术指让系统自动根据话务变化动态关闭或者开启部分没有负载的载频模块，从而达到节能的目的。

（3）时隙级功放关断技术是指在时隙没有话务（即功放动态功耗为零）时进一步关断功放静态功耗的技术，控制更加精确，控制效率更高。

5.2.3　通信电源空调等节能技术

机房配套设备包括空调、通信电源、新能源和照明等。

5.2.3.1　空调节能技术

空调耗电约占到机房总耗电的 45%，是节能工作的重点，可以采用新型空调节能技术、节能型空调、合理选择送风方式等实现节能。

新型空调节能技术包括室外机雾化喷淋和冷凝水回收节能技术、乙二醇热交换节能技术、新风直接引入节能技术、空调变频技术、空调水处理技术、空调冷媒控制技术、空调自适应控制技术等。

（1）室外机雾化喷淋和冷凝水回收节能技术是通过在室外机背面位置安装滴水雾化装置，降低冷凝器进风侧空气的温度，增加冷却侧的散热效率，提高空调的经济性能。

（2）乙二醇热交换节能技术是利用自然冷源降温，节约电能，乙二醇节能系统与空调系统联动，当室外温度高时空调制冷，而当室外温度低到一定温度值时（如 15℃以下），乙二醇节能系统工作并关闭空调压缩机，将室外自然冷源的冷量带到室内实现制冷，从而达到节能降耗的目的。

（3）新风直接引入节能技术可利用机房室外的自然环境为冷源，当机房的室外空气温度比机房室内温度低到一定程度时（如冬季、春季或秋季晚间），通过新风节能装置引进符合机房空气质量要求的室外自然新风到通信机房内，与机房内热空气直接进行热量交换或者通过热交换板进行热交换，这样可以降低机房内环境温度以满足机房环境标准的要求，进而达到节省空调制冷量、节约电量的目的。

（4）空调变频技术目前已得到广泛应用，中央空调的冷冻、冷却水泵及大功率的风机是变频节能最理想的应用对象。当所需流量减少、水泵转速降低时，其电动机所需的功率按转速的三次方下降。

（5）空调水处理技术通过加缓蚀剂等化学药水或利用磁场对冷却水系统及冷冻水系统的水质进行处理，可明显提高空调系统的工作效率。

（6）空调冷媒控制技术可在保证制冷压缩机运行可靠性的前提下，通过冷媒循环状态控制的优化，达到制冷压缩机节能的效果。

（7）空调自适应控制技术根据机房不同的工况条件、空调冷量分布、风量扩张循环等综合数据，排列出空调优先资格顺序，使空调始终处于最佳工作状态，从而提高优化冷量利用效率，达到冷量效率最大化，节约空调能源消耗、延长空调机组的使用寿命。

采用节能型空调，包括采用基站用室内一体化节能型空调和机房专用空调。

（1）基站用室内一体化节能型空调可在外界温度下降到能够满足室内热负荷要求时，通过微处理控制器使压缩机停止工作，并自动开启电动排气闸，引入外部冷空气进行室内环境温度的控制，达到设计要求。此时，蒸发器风扇工作，压缩机及冷凝器风扇处于停止工作状态，因此大大节省了能源。

（2）机房专用空调具有大风量、小焓差、有效的湿度控制、高空气过滤效率、配置高能效比压缩机、采用高可靠性部件等特点，同时具有完善的控制、保护和告警功能，故障率低、寿命长、可维护性好等优点，比舒适性空调更加节能和可靠。

合理选择通信机房的送风方式也能达到节能的效果。通信机房的空调气流组织十分重要，常用气流组织形式有下送风及上送风两种。对于设备多、耗电大的机房（如 IDC 等），应采用下送风方式，可显著改善制冷效果、减少空调能量损失。

5.2.3.2　通信电源节能技术

通信电源节能技术包括直流电源节能技术、交流电源节能技术、蓄电池节能技术和动环监控技术等。

直流电源节能技术主要包括新型高频开关电源技术、模块智能休眠技术、分布式基站集中供电技术、高压直流供电技术等。

（1）新型高频开关电源技术指开关电源采用新型的高性能器件，如绝缘栅双极型晶体管（IGBT）、功率场效应晶体管（MOSFET）等，使开关电源不断向高效率、高功率密度、宽工作条件方向发展，效率可从过去的 90% 提高到 95% 以上，模块功率密度可提高到 $1.2W/cm^3$ 以上。220 VAC 工作的通信电源一般能够工作在 $120 \sim 290\,VAC$，环境适应能力也由传统的 45℃ 提高到 60℃ 以上，从而大大降低电源转换损耗，节省机房空间，降低对机房环境的要求。

（2）模块智能休眠技术指根据系统的电流负荷情况和当前整流模块的工作状况，通过智能软开关技术，在保证系统冗余安全的条件下，自动调整工作整流模块的数量，使部分模块处于休眠状态，把整流模块调整到最佳负载率下工作，从而降低系统的带载损耗和空载损耗，达到节能的目的。

（3）分布式基站集中供电是指由同一套电源同时为近端 BBU 和远端 RRU 供电，或将覆盖在不同区域的多个基站安装于同一机房内，利用同一电源系统实现集中供电。该方式可大大减少相关配套（如机房、电源）的建设成本，便于后期维护。

（4）高压直流供电技术与传统 48V 供电系统类似，是由多个并联冗余整流器和蓄电池组成。在正常情况下，整流器将市电交流电源变换为 240V、288V 或 336V 的直流电源，供给服务器等电信设备，同时给蓄电池充电；停电时，由蓄电池放电，为电信设备供电，与传统 UPS 相比，高压直流供电系统省掉了逆变部分，且电池直接并联在输出端，电源效率和可靠性大大提高。

交流电源节能技术主要包括市电直供、市电与 UPS 混供、模块化 UPS、谐波治理技术等。

（1）市电直供是市电不经过 UPS 设备，而直接为通信设备供电，蓄电池组及其充电设备与通信设备并联。与传统交流 UPS 相比，具有供电效率高、维护工作量小，可大大减少电力机房面积，是数据设备供电的发展方向。

（2）市电与 UPS 混供区别于 $2N$ 双总线 UPS，供电系统采用一路市电直供，一路为 UPS，市电直供电源与 UPS 组成 2 路独立电源为通信设备供电。与传统交流 UPS 相比，具有供电效率高、维护工作量小、机房占地面积少等优点，此系统已在部分数据中心机房中应用。

（3）模块化 UPS 类似于目前通信用高频开关直流电源系统结构，由能完成 UPS 基本功能的可拔插功能模块组成 $N+1$（或 $N+X$）交流不停电供电系统。与传统 UPS 相比，模块化 UPS 具有系统可靠性高、运行效率高、重量体积小、便于扩容维护等突出优点，可大大降低建设成本和维护成本，被认为是 UPS 的必然发展方向。

（4）谐波治理技术指通过谐波治理（有源滤波、无源滤波等），有效保障通信设备等敏感负载的可靠运行，同时还可改善功率因数、降低变压器和配电损耗，起到一定的节能效果。

蓄电池节能技术主要有耐高温电池技术和蓄电池修复技术。

（1）耐高温电池采用了新型合金材料及复合技术，可长期工作于 35℃ 左右的高温环境下，大大节省机房空调的耗电。

（2）蓄电池恢复技术指对可恢复利用的电池进行技术处理，从而重新利用、延长运行寿命，大大减少直接报废造成的浪费和可能对环境产生的影响。

新型环保蓄电池目前获得推广应用的有锂离子电池。

锂离子电池的工作原理是锂离子在正极和负极之间的嵌入和嵌出（即摇摆效应）。目前已在便携式电子设备中得到广泛使用，与传统铅酸蓄电池相比，锂离子电池具有能量密度高（可达到铅酸电池的 4 倍）、循环寿命长、无污染、工作温度范围宽等显著优点。随着新型正极材料（如磷酸铁锂）的研制出现，大大提高了锂离子电池的安全性，大容量的锂离子电池将在通信行业得到广泛应用。

动环监控技术也在不断发展，动环监控系统除了传统的监测功能外，还可以实现电量远程采集分析，空调和新风／热交换系统联动控制，油机调度等多项拓展功能，为节能减排提供重要支撑。

5.2.3.3　新能源

通信行业目前应用较多的主要有太阳能发电、风力发电、风光互补发电、燃料电池等，将来会有越来越多的新能源进入通信领域。

（1）太阳能光伏发电系统由太阳电池板、充电控制器和蓄电池等构成，通过光伏板组件暴露在阳光下产生的电流为通信设备供电，具有无污染、可靠耐用、运行维护成本低等特点。当年日照时数大于 2000h，负荷小于 1kW，且市电供电距离较远时，宜采用太阳能电源供电。

（2）风力发电系统的基本原理是通过风力机将风能转化为机械能，从而带动发电机发电，为通信设备供电，具有无污染、安装工期短、安全等特点，适用于市电资源缺乏但风能资源较为丰富的偏远山区、海岛等地区。但由于大自然的风力不够稳定，近几年采用的风力发电系统大多是与太阳能或其他电源系统（如市电、油机等）互为补充，组成混合式发电系统。

（3）燃料电池是一种将化学能直接转化为电能的装置，随着实用型质子交换膜燃料电池（PEMFC）的研发成功，燃料电池成为世界各国关注的热点，目前欧美国家已成功试用于通信基站。燃料电池主要由质子变换膜电池堆、输出电压调节稳压器、排放系统和整机及各环节控制系统等组成。自然界氢气资源丰富，燃烧值高，污染最小，是理想的节能环保型能源。随着研发进步，成本降低，燃料电池将得到广泛应用。

5.2.3.4　照明

通信机房的照度应严格按照国家和行业标准推荐的取值进行设置，对个别要求高的部位，可采用局部照明解决。

采用节能型灯具可有效地节约电能。节能型灯具主要有荧光灯、节能灯、金卤灯、LED 灯等。

5.2.4　建筑节能技术

建筑外围护结构的能耗散失占空调耗电的较大比例，除在机房设计时必须高度重视机房选址（包括朝向、通风）、控制机房体型系数和窗墙比例外，还应积极采取有效措施减少机房外墙面、屋面、楼地面、外门窗等外围护结构的能耗散失。

其中，外墙面保温技术包括外保温、内保温、自保温、反射涂料等。保温材料包括挤塑聚苯板（XPS 板）、聚苯板（EPS 板）、发泡聚氨酯、保温料浆（砂浆）、岩棉板等，保温墙体可采用保温彩钢板、轻集料混凝土砌块、复合保温砌块等。外部有大面积玻璃幕墙的通信机楼应采用高效节能玻璃，如抽真空的组合 Low-E 镀层玻璃、光（或热、电）致变色玻璃等。

5.2.5　促进其他行业实现节能减排的技术

通信行业除了在本行业内积极推广新技术、实现自身的节能减排外，还通过发挥信息通信行业的技术优势，如远程会议、网络融合、物联网，助力其他行业实现节能减排。

远程会议技术：随着经济的迅速发展、业务市场的扩大、各种经济文化交流的增加，越来越多的人通过汽车、飞机奔波于世界各地，耗费了大量的能源，产生了大量的二氧化碳。现在已有越来越多的国家和企业认识到这个问题，开始鼓励大家通过远程电视、电话会议系统、统一通信和即时通信等方式实现协作和沟通，减少飞机和汽车等交通工具的使用。

网络融合技术：三网融合是未来发展的必然方向，融合以后，企业可在现有设施的基础上，通过融合技术将数据、语音及多媒体信息建立在统一网络平台上，既降低了管理和企业运营的成本，又提高了企业工作效率。

物联网（传感网）技术：物联网具备全面感知、可靠传递、智能处理等特征，可以广泛用于交通控制、取暖控制、食品管理、生产进程管理等各个方面，节约能源将是其最明确的作用。例如，可以迅速了解各测点的状态，及时发现问题甚至远程解决问题，从而大大降低维护成本；可以因地制宜地动态管理大楼各房间的照明、空调等用电设施，控制空调和新风系统的联动，从而减少电能消耗。

5.3　法律法规及相关标准进展

5.3.1　法律法规

5.3.1.1　中华人民共和国节约能源法

我国于 1998 年 1 月 1 日正式颁布实施了《中华人民共和国节约能源法》。该法于 2007 年 10 月进行了修订，并于 2008 年 4 月 1 日正式颁布实施。该法的颁布实施对于推动全社会节约能源、提高能源利用效率、保护和改善环境、促进经济社会全面协调可持续发展具有重要的意义。

该法共有总则、节能管理、合理使用和节约能源、节能技术进步、激励措施、法律责任和附则共 7 章。

5.3.1.2　中华人民共和国可再生能源法

《中华人民共和国可再生能源法》于 2005 年 2 月 28 日颁布，自 2006 年 1 月 1 日起施行。该法的颁布实施对于促进可再生能源的开发利用、增加能源供应、改善能源结构、保障能源安全、保护环境、实现经济社会的可持续发展具有重要的意义。

该法共有总则、资源调查与发展规划、产业指导与技术支持、推广与应用、价格管理与费用分摊、经济激励与监督措施、法律责任和附则共 8 章。

5.3.1.3　中华人民共和国环境保护法

《中华人民共和国环境保护法》于 1989 年 12 月 26 日颁布实施，该法的颁布实施对于保护和改善生活环境与生态环境、防治污染和其他公害、保障人体健康、促进社会主义现代业化建设的发展具有重要的意义。

该法共有总则、环境监督管理、保护和改善环境、防治环境污染和其他公害、法律责任和附则共 6 章。

5.3.1.4　中华人民共和国循环经济促进法

《中华人民共和国循环经济促进法》于 2008 年 8 月 29 日颁布，自 2009 年 1 月 1 日起施行。该法的颁布实施对于促进循环经济发展，提高资源利用效率，保护和改善环境，实现可持续发展具有重要的意义。

该法共有总则、基本管理制度、减量化、再利用和资源化、激励措施、法律责任和附则共 7 章。

5.3.1.5　民用建筑节能条例

《民用建筑节能条例》由国务院于 2008 年 7 月 23 日颁布，自 2008 年 10 月 1 日起施行。该条例是在总结多年来民用建筑节能工作实践及国内外相关立法经验的基础上制定的专门性行政法规，是《中华人民共和国节约能源法》的重要配套法规。

条例共有总则、新建建筑节能、既有建筑节能、建筑用能系统运行节能、法律责任、附则共 6 章。

5.3.2　标准规范

5.3.2.1　公共建筑节能设计标准

GB 50189—2015《公共建筑节能设计标准》由建设部和国家质检总局联

合发布，2015 年 10 月 1 日起实施，是我国批准颁布的第一部公共建筑节能设计的综合性国家标准。

最新修订的《公共建筑节能设计标准》实现了建筑节能专业领域的全覆盖，新标准专业领域涵盖建筑与建筑热工、供暖通风与空气调节、给水排水、电气、可再生能源应用，实现了建筑节能专业领域的全覆盖。2015 版标准修订的主要技术内容：建立了代表我国公共建筑特点和分布特征的典型公共建筑模型数据库，在此基础上确定了该标准的节能目标；更新了围护结构热工性能限值和冷源能效限值，并按建筑分类和建筑热工分区分别进行规定；增加了围护结构权衡判断的前提条件，补充细化了权衡计算软件的要求及输入输出内容；新增了给水排水系统、电气系统和可再生能源应用的有关规定。

5.3.2.2　民用建筑节能设计标准

JGJ 26—2010《严寒和寒冷地区居住建筑节能设计标准》由建设部发布，2010 年 8 月 1 日起实施，该标准为行业标准。

最新修订的设计标准根据建筑节能的需要，确定标准的适用范围和新的节能目标；采用度日数作为气候子区的分区指标，确定建筑围护结构规定性指标的限值要求，并注意与原有标准的衔接；提出针对不同保温构造的热桥影响的新评价指标，明确使用适应供热体制改革需求的供热节能措施；鼓励使用可再生能源。

5.3.2.3　通信局（站）节能设计规范

《通信局（站）节能设计规范》由工业和信息化部于 2009 年 1 月发布并实施。该规范适用于新建通信局站的节能设计，通信局站的改建、扩建参考该规范执行。

该规范要求通信局站的节能设计应考虑建筑节能、通信设备节能和配套设备节能三个主要方面，节能设计中采用的节能措施和方案不得降低通信系统运行的安全性。

思 考 题

1. 请简述国务院《节能减排"十二五"规划》提出的节能减排目标。

2. 请从硬件和软件两方面简述基站无线设备的节能技术。

3. 请简述新型空调节能技术有哪些？

4. 请简述通信直流电源有哪些节能技术？

5. 我国颁布了哪些节能减排的法律法规？

6. 《通信局（站）节能设计规范》要求通信局站的节能设计应考虑哪三个主要方面？

附录 1

YD

中华人民共和国通信行业标准

YD/T 1051—2010

通信局（站）电源系统总技术要求

前　言

本标准代替 YD/T1051—2000《通信局（站）电源系统总技术要求》。

本标准与 YD/T1051—2000 相比主要变化如下。

（1）原第 3 章总则增加了局站的分类内容；

（2）增加"外市电引入"章节，增加市电引入原则；

（3）增加"电源系统组成"章节，阐述常见的电源系统类型组成；

（4）将原"通信局（站）电源系统"章节改为"电源系统类型及应用原则"，内容相应变化；

（5）修改"接地与防雷"一章的主要内容；

（6）删除原标准"监控"章节内关于具体电源设备监控内容的部分，只保留监控系统的具体要求；

（7）将原标准的"进网电源设备系列和主要性能技术指标"修改为"电源设备主要技术性能要求"，删除已有行业标准的电源设备的技术要求，增加变配电设备的参考技术要求。

本标准的附录 A 为规范性附录。

本标准由中国通信标准化协会提出并归口。

本标准起草单位：中讯邮电咨询设计院有限公司、工业和信息化部电信研究院、中国电信集团公司、艾默生网络能源有限公司、广州珠江电信设备制造有限公司、中国移动集团公司、中达电通股份有限公司、北京动力源科技股份有限公司、中兴通讯股份有限公司、中国铁通集团有限公司、厦门科华恒盛股份有限公司、广东省电信规划设计院有限公司、上海邮电设计院有限公司。

本标准起草人：朱清峰、张清泉、杨世忠、吴京文、王殿魁、高健、王平、邓重秋、娄洁良、王伟、滕达、吴建华、叶子红、何晓光、田剑峰、蒋文、陈四雄。

本标准1995年首次发布，于2000年第一次修订，于2010年12月第二次修订。

通信局（站）电源系统总技术要求

1　范围

本标准规定了通信局（站）电源系统的结构形式、交流供电系统、直流供电系统、防雷接地、主要电源设备技术性能要求和电源系统的监控、环境条件等要求。

本标准适用于各类通信局（站）的电源系统。

2　规范性引用文件

下列文件中的条款通过本标准的引用而成为本标准的条款。凡是注日期的引用文件，其随后所有的修改单（不包括勘误的内容）或修订版均不适用于本标准，然而，鼓励根据本标准达成协议的各方研究是否可使用这些文件的最新版本。凡是不注日期的引用文件，其最新版本适用于本标准。

GB 12348　　　　　工业企业厂界环境噪声排放标准

GB/T 12349　　　　工业企业厂界噪声测量方法

GB 50016　　　　　建筑设计防火规范

GB 50045　　　　　高层民用建筑设计防火规范

YD/T 1058　　　　通信用高频开关电源系统

YD/T 5040　　　　通信电源设备安装工程设计规范

3　总则

3.1　通信局（站）根据其重要性、规模大小分为以下几类。

一类局站：国家级枢纽、容灾备份中心、省会级枢纽、长途通信楼、核心网局、互联网安全中心、省级的 IDC 数据机房、网管计费中心、国际关口局。

二类局站：地市级枢纽、国家级传输干线站、地市级的 IDC 数据机房、卫星地球站、客服大楼。

三类局站：县级综合楼、省级传输干线站。

四类局站：末端接入网站、移动通信基站、室内分布站等。

3.2 一、二类局站在建设初期应把外市电、变配电当作基础设施建设，外市电的引入容量及变配电、发电机组、电力电池室的面积预留应考虑终期负荷需求，变配电、发电机组的建设应考虑扩容方便。

3.3 新建局（站）根据国家环保要求应进行电磁兼容环境评估。

3.4 通信局（站）应优先采用安全、节能的供电方式和电源设备；节能设备的应用不应以牺牲通信设备的寿命和降低系统的安全为代价。

3.5 应建立通信局（站）电源系统的监控和集中维护管理系统，逐步实现少人或无人值守。

3.6 通信局（站）应有可靠的过压和雷击防护功能。各级通信局（站）应采用联合接地方式。改建和扩建的通信局（站），应根据规范的要求，对其接地与防雷设施加以完善，以确保通信的安全。

3.7 电源系统的配置应满足可靠性指标的要求。

4 外市电引入

4.1 通信局站建设时应充分考虑市电的可靠性，一类局站原则上应考虑采用一类市电引入；二类通信局站原则上考虑二类市电引入，具备外电条件且投资增长不大时可考虑一类市电引入；三类局站，具备条件时引入二类市电，不具备条件时引入三类市电。四类局站可就近引入可靠的 380V 或 220V 电源。

4.2 外市电的引入要考虑将来可扩容性。引入外市电的电压等级可根据当地供电条件、用电容量、供电部门要求确定，一般选用 10kV 市电引入，具备条件且容量较大时可以考虑采用更高电压等级市电引入。

5　电源系统组成

5.1　系统组成

通信局（站）电源系统是对局（站）内各种通信设备及建筑负荷等提供用电的设备及保证这些设备正常运行的附属设备的总称。电源系统由交流供电系统、直流供电系统、接地系统、防雷系统、监控系统组成。

5.2　交流供电系统

交流供电系统：包括变配电系统、备用电源系统（发电系统）、不间断电源系统（UPS）以及相应的交流配电。

变配电系统：包括高、低压配电设备、变压器、操作电源。

备用电源系统：包括发电机组及附属设备。

不间断电源系统（UPS）：包括 UPS、输入输出配电柜、蓄电池组。

5.3　直流供电系统

由交流配电屏、整流器、蓄电池组、直流配电屏、直流—直流变换设备组成，直流系统的电压等级有 −48V、24V、240V 等。

5.4　接地系统

由接地体、汇集排、楼层接地排、工作及保护引接线组成。

5.5　防雷系统

由避雷针、接地引下线、接地体、等电位连接、各级浪涌保护器（Surge Protective Device，SPD）等组成。

5.6　监控系统

由各种采集设备、网络传输设备、监控终端等设备组成。

6　电源系统类型及应用原则

6.1　通信局（站）常用供电系统类型

6.1.1　概述

通信局（站）电源系统应保证稳定、可靠、安全地供电。不同局（站）

由不同的电源系统组成（如图 1～图 6 所示）。

6.1.2　常见的枢纽楼供电系统类型

图 1 为变配电集中设置示意，即 UPS 和直流供电系统集中设置在电力电池室。

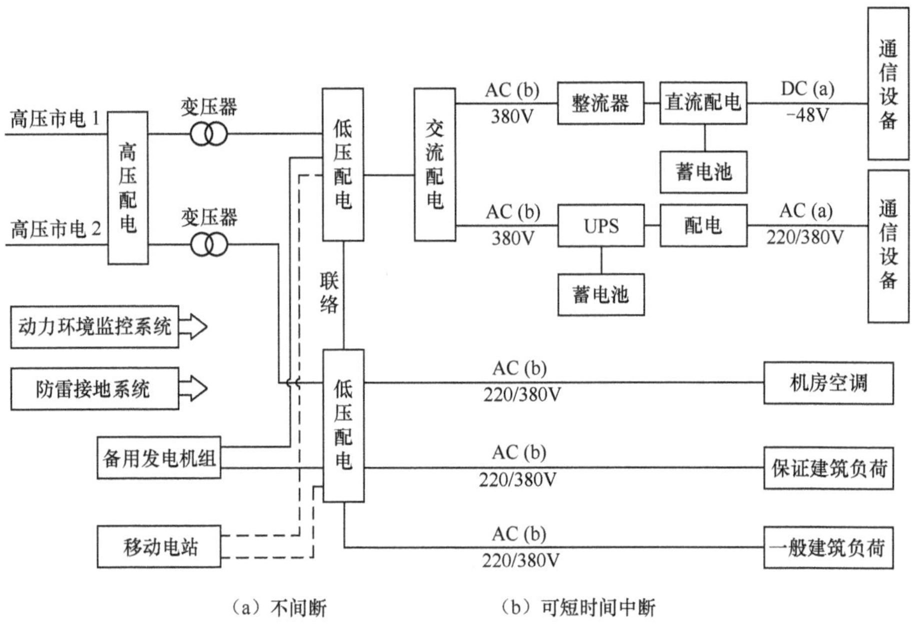

图 1　电源系统供电方式示意（相对集中）

图 2 为变配电系统集中设置示意，即 UPS、直流供电系统分楼层分散设置方框。

6.1.3　光缆、微波中继站常用的混合供电方式电源系统类型

混合供电系统采用交流电源和太阳电池方阵（或风力发电机）相结合的混合供电方式。该系统由太阳电池方阵、低压市电、蓄电池组、整流及配电设备以及移动电站组成。对微波无人值守中继站，若通信负荷较大，不宜采用太阳能供电时，可采用市电与固定的无人值守自动化柴油发电机组及可靠性高的交、直流电源设备组成电源系统，图 3 为混合供电方式电源系统示意。

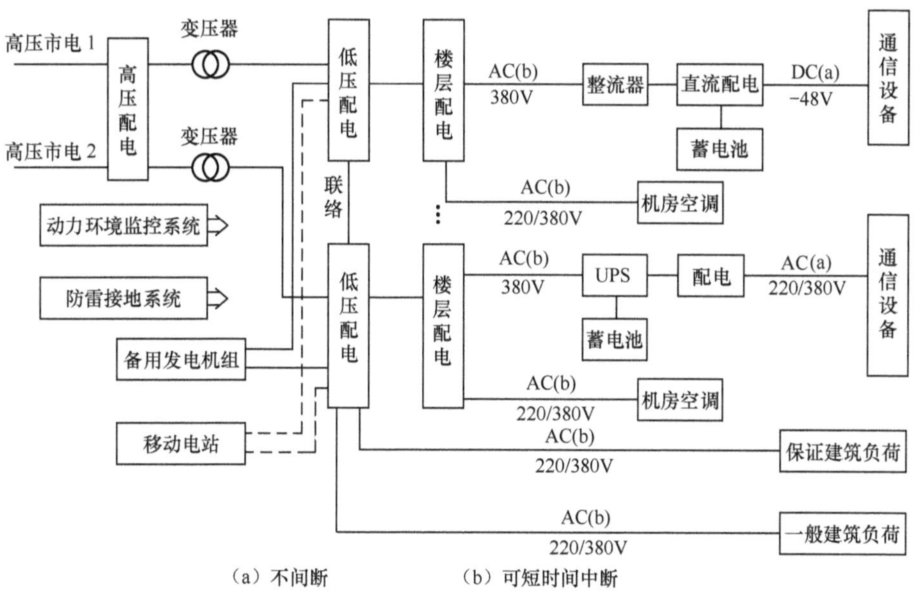

图 2　电源系统供电方式示意（相对分散）

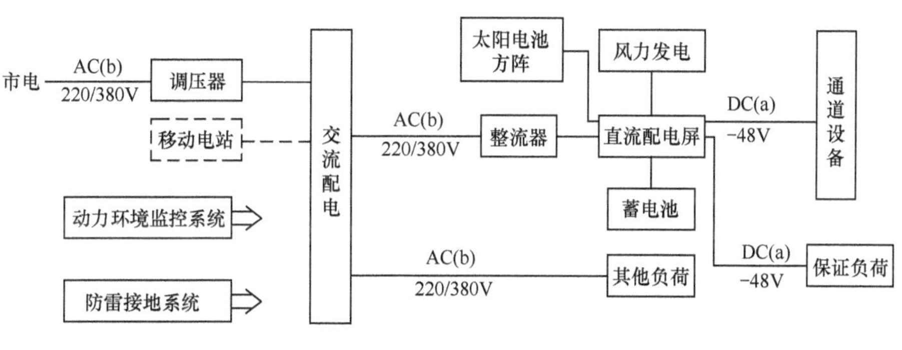

图 3　混合供电方式电源系统示意

6.1.4　移动通信基站供电系统类型

图 4 为移动通信基站供电系统示意，其中的组合开关电源具备低电压两级切断功能（二次下电）。

此种供电方式适合移动通信的宏基站。

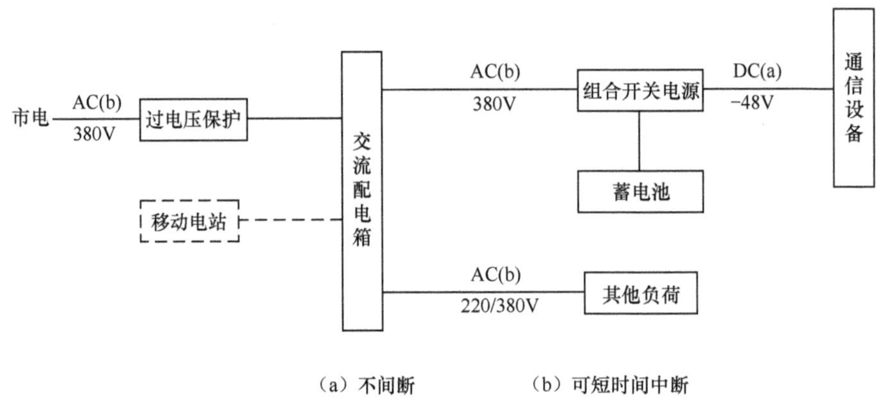

（a）不间断　　　　　（b）可短时间中断

图 4　移动通信基站供电系统示意

6.1.5　小型站常用的一体化组合电源系统类型

一体化组合电源系统包括两种类型：一体化 UPS 电源、一体化直流电源。

一体化 UPS 电源是指交流配电、UPS 模块、蓄电池组和监控单元组合在同一个机架内，如图 5 所示。

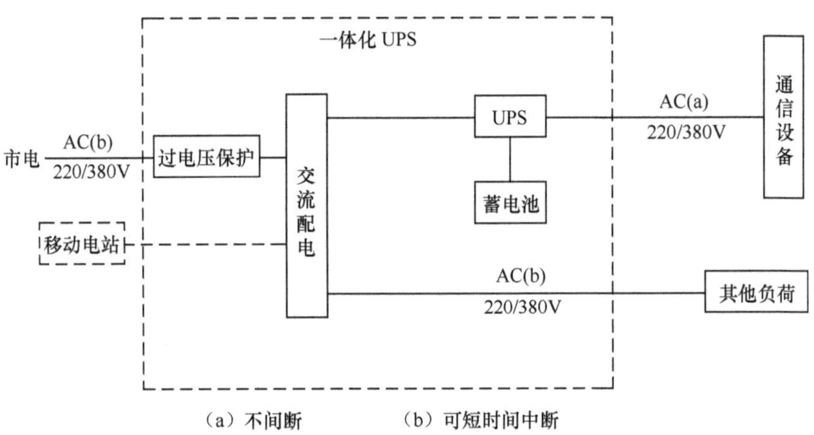

（a）不间断　　　　　（b）可短时间中断

图 5　一体化 UPS 电源供电方框示意

一体化直流电源是指交流配电、直流配电、整流模块、蓄电池组和监控单元组合在同一个机架内，如图 6 所示。

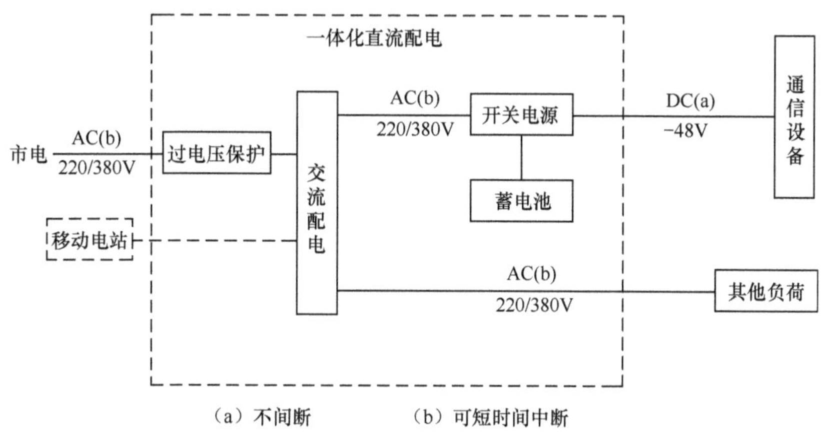

图 6　一体化直流电源供电方框示意

此种方式适合小型通信站，如接入网站、室内分布站、室外小基站等。

容量较小的室外站采用一体化电源时，可探讨采用锂电池作为备用电源的可能性。

6.2　供电系统应用原则

6.2.1　同一通信局（站）在引入市电容量满足要求的前提下，原则上应只设置一个总的变配电系统，并由此分别向 UPS、各直流供电系统及建筑负荷提供低压交流电。

6.2.2　一、二类局站宜采用变配电系统，备用电源系统相对集中、UPS 系统和直流供电系统相对分散的方式。三类局站若负荷较小，可采用 UPS、直流供电系统集中供电方式。超大容量的（10000kVA 以上）局可以考虑采用变压器和低压配电分散供电，如采用变压器、低压配电上楼靠近负荷中心设置。

6.2.3　通信局（站）在进行无功功率补偿时应考虑串联一定比例的电抗器。

6.2.4　当变配电系统中的总谐波电流（THDI）大于 10% 时，应进行治理。

6.2.5　同一电压等级的配电开关不宜多于三级，各级配电开关的参数根据负荷情况整定，上下级开关之间应具有选择性；随着通信负荷的扩容，开关的脱扣整定值应相应改变。

7 基础电源

7.1 分类

通信局（站）的基础电源分交流基础电源和直流基础电源两种。

7.2 交流基础电源

7.2.1 经由市电或备用发电机组（含移动电站）提供的低压交流电为通信局（站）用的交流基础电源。

7.2.2 低压交流电的标称电压、频率见表 1。

表 1 低压交流电标称电压、频率

标称电压（V）	220/380
标称频率（Hz）	50

7.2.3 使用交流电的通信设备和电源设备供电电压规定如下。

（1）通信设备用交流电供电时，在通信设备的电源输入端子处测量的电压允许变动范围为：额定电压值的 -10% ～ +5%。

（2）通信电源设备及重要建筑用电设备用交流电供电时，在设备的电源输入端子处测量的电压允许变动范围为：额定电压值的 -15% ～ +10%。

7.2.4 当市电供电电压不能满足 7.2.3 中（1）、（2）两项的规定或通信设备有更高要求时，可采用调压或稳压设备。

7.2.5 交流基础电源的频率允许变动范围为额定值的 ±4%，电压波形正弦畸变率不应大于 5%。

7.3 直流基础电源

7.3.1 向各种通信设备和二次变换电源设备或装置提供直流电压的电源为直流基础电源。

7.3.2 通信局（站）用直流基础电源的电压种类见表 2。

表 2　通信局（站）用直流基础电源的电压种类

首选的电源电压（V）	−48
过渡时期暂留的电源电压（V）	±24

7.3.3　通信机房内每一个通信设备机架的直流输入端子处−48V 电压允许变动范围见表 3。

表 3　通信机架的直流输入端子处−48V 电压允许变动范围

标称电压（V）	−48
电压允许变动范围（V）	−57 ～ −40

−48V 直流电源（第一级）输出端子处测量的杂音电压指标应满足 YD/T1058 的要求。

−48V 供电系统全程压降应不大于 3.2V。

7.3.4　通信机房内每一个通信设备机架的直流输入端子处 ±24V 电压允许变动范围见表 4。

表 4　通信机架的直流输入端子处 ±24V 电压允许变动范围

标称电压（V）	±24
电压允许变动范围（V）	±19 ～ ±29

24V 直流电源（第一级）输出端子处测量的杂音电压指标应满足 YD/T1058 的要求。

24V 供电系统全程压降应不大于 2.6V。

7.4　直流基础电源的过渡和统一

7.4.1　核心通信网络应采用−48V 直流供电。

7.4.2　新建局（站）应采用−48V 直流基础电源，原有局（站）通信设备使用的 ±24V 直流基础电源仍可继续使用，不再扩容，直到这些通信设备停用为止。

7.4.3　随着电源设备技术的发展和产品可靠性的不断提高，条件具备时，IDC 机房的供电可以采用高压直流供电方式，具体标准另定。

8　交流供电方式

8.1　变配电系统的工作方式

市电作为主用电源，市电停电时由发电机组启动供电，市电和发电机组的倒换可采用自动或手动，须具备电气和机械联锁，可采用带中间位的自动切换开关（Automatic Transfer Switch，ATS）、双掷刀闸或双空气断路器联锁，涉及通信用电的倒换禁止使用双接触器搭接的开关进行两路电源的倒换。

8.2　UPS 的类型

UPS 设备根据供电对象重要程度设置不同的类型，主要有：并联冗余、独立双总线等模式，如图 7 和图 8 所示。

工作方式：市电正常时，UPS 跟踪市电并输出稳定的交流电；市电停电时由蓄电池放电经逆变提供稳定交流电，若 UPS 出现故障，自动转备份 UPS 或旁路。

重要的负载采用双总线模式 UPS 供电，一般负载采用 $N+1$ 并联冗余模式 UPS 供电。UPS 负荷较大的局站应考虑谐波对发电机组的影响。

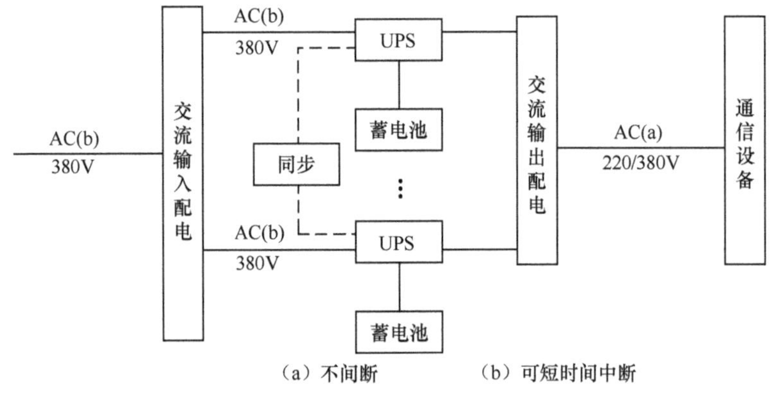

图 7　$N+1$ 并联冗余 UPS 方框示意

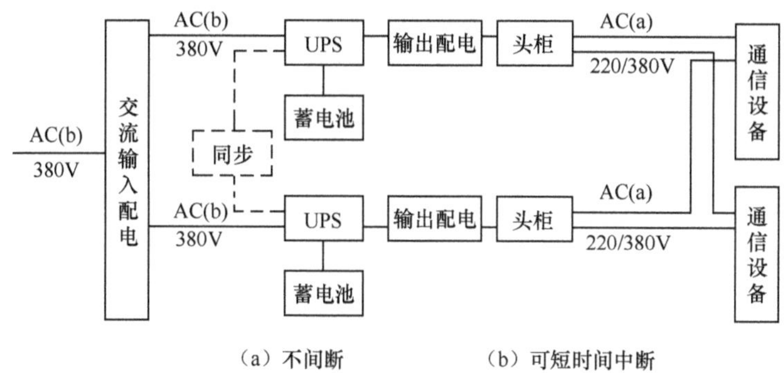

图 8　独立双总线 UPS 供电系统方框示意

随着交流并联技术逐步成熟，在模块化 UPS 的可靠性达到要求时可选用组成冗余供电系统。

给末端通信设备（小区接入网设备、移动通信直放站等）供电的室外一体化 UPS 可采用单机工作方式。

9　直流供电方式

9.1　直流供电方式的基本要求

9.1.1　直流供电方式应采用全浮充方式，在交流电源正常时经由整流器与蓄电池组并联浮充工作，对通信设备供电。当交流电源停电时，由蓄电池组放电供电，在交流电恢复后，应实行带负荷恒压限流充电的供电方式。

9.1.2　通信局（站）直流供电方式应保证稳定可靠供电，电源设备应靠近通信设备布置，使直流馈电线长度尽量缩短，以降低电能消耗、减少安装费用。供电系统的组成和电源设备的布置应当在通信局（站）增容时，电源设备能相应和灵活地扩充容量，并有利于设备的安装和维护。

9.1.3　交换机的直流电源供电可按交换机的一个交换系统容量为单元，设置一个或多个独立的直流供电系统。

9.1.4　单个 −48V 直流系统最大容量不宜超过 3000A。

9.2　供电方式选择

9.2.1　交换局容量较大或有两个以上交换系统时，应采用两个或多个独立的直流供电系统。电源设备可以和通信机房同层安装或直接装在通信机房内，电源设备安装于通信机房内时必须采用高频开关型整流器、阀控式密封铅酸蓄电池组，实现电源集中监控和管理，并应考虑空调容量和核算机房地面的承载能力。

9.2.2　一类局（站）宜按不同楼层分层设置多个独立的供电系统，分别向各种通信机房供电。二类及以下类别局（站）可采用设立集中的电力室和电池室的供电方式，也可以采用楼层分散的供电方式。

9.2.3　通信负荷过大的设备（如 IDC 数据设备），可考虑其供电系统分散靠近数据机房设置。

10　电源系统可靠性和设备参考配置

10.1　市电供电方式的分类和不可用度指标

10.1.1　一类市电供电方式

一类市电供电方式为从两个稳定可靠的独立电源引入两路供电线，两路供电线不应有同时检修停电的供电方式。

两路供电线宜配置备用电源自动投入装置。

一类市电供电方式的不可用度指标：平均月市电故障次数应不大于 1 次，平均每次故障持续时间不大于 0.5h。市电的年不可用度应小于 6.8×10^{-4}。

10.1.2　二类市电供电方式

二类市电供电方式为满足以下两个条件之一者。

（1）从两个以上独立电源构成的稳定可靠的环形网上引入一路供电线的供电方式；

（2）从一个稳定可靠的电源或从稳定可靠的输电线路上引入一路供电线的供电方式。

二类市电供电方式的不可用度指标：平均月市电故障不大于 3.5 次，平均每次市电故障持续时间应不大于 6h，市电的年不可用度应小于 3×10^{-2}。

10.1.3　三类市电供电方式

三类市电供电方式为从一个电源引入一路供电线的供电方式。

三类市电供电方式的不可用度指标：平均月市电故障不大于 4.5 次，平均每次市电故障持续时间应不大于 8h，市电的年不可用度应小于 5×10^{-2}。

10.1.4　四类市电供电方式

四类市电供电应符合下列条件之一的要求。

（1）由一个电源引入一路供电线，经常昼夜停电，供电无保证，达不到第三类市电供电要求，市电的年不可用度小于 5×10^{-2}；

（2）有季节性长时间停电或无市电可用。

10.2　通信局（站）电源系统可靠性指标

10.2.1　概述

可靠性是衡量系统和设备的一项重要的综合性质量指标。电源系统可靠性是衡量通信局（站）电源系统和组成系统各设备的一项综合性质量指标。

通信网是由不同等级的通信局（站）和通信局（站）之间的传输系统组成，所以，通信局（站）电源系统可靠性是通信局（站）可靠性的一个组成部分，也是通信网总体可靠性的一个组成部分。

根据通信局（站）电源系统可靠性指标，可科学地确定组成电源系统各设备的相应配置。

电源系统的可靠性指标用不可用度表征。

10.2.2　通信局（站）电源系统的不可用度指标

电源系统的不可用度是指电源系统故障时间与故障时间和正常供电时间之和的比，即

$$电源系统不可用度=\frac{故障时间}{故障时间+正常供电时间}$$

（1）一类局站电源系统的不可用度应不大于 5×10^{-7}，即平均 20 年时间内，每个电源系统故障的累计时间应不大于 5min。

（2）二类局站电源系统的不可用度应不大于 1×10^{-6}，即平均 20 年时间内，每个电源系统故障的累计时间应不大于 10min。

（3）三类局站电源系统的不可用度应不大于 5×10^{-6}，即平均 20 年时间内，每个电源系统故障的累计时间应不大于 50min。

10.3　电源系统主要设备的可靠性指标

10.3.1　高压变、配电设备的可靠性指标

（1）高压配电设备的可靠性指标

高压配电设备，在 20 年使用时间内，主开关平均年动作次数不大于 12 次时，平均失效间隔时间（MTBF）应不小于 1.4×10^{5}h；平均年动作次数大于 12 次时，平均失效间隔时间应不小于 4.18×10^{4}h。

（2）变压器的可靠性指标

变压器在 20 年使用时间内，平均失效间隔时间应不小于 1.75×10^{5}h。

10.3.2　低压配电设备的可靠性指标

（1）交流低压配电设备，在 15 年使用时间内，关键部件平均年动作次数不大于 12 次的，平均失效间隔时间应不小于 5×10^{5}h；平均年动作次数大于 12 次的，平均失效间隔时间应不小于 10^{5}h。

（2）直流配电设备，在 15 年使用时间内，平均失效间隔时间应不小于 10^{6}h。

10.3.3　整流设备

高频开关整流设备，在 15 年使用时间内，平均失效间隔时间应不小于 5×10^{4}h。

10.3.4　直流－直流变换器设备

在 15 年使用时间内，平均失效间隔时间应不小于 5×10^{4}h。

10.3.5　蓄电池组

（1）防酸式蓄电池组，全浮充工作方式在 10 年使用时间内，平均失效间隔时间应不小于 7×10^{5}h。

（2）阀控式密封铅酸蓄电池组，全浮充工作方式在 8 年使用时间内，平均失效间隔时间应不小于 3.5×10^{5}h。

10.3.6　交流不间断电源设备

（1）在使用寿命期间内，通信用交流不间断电源设备的平均失效间隔时间应不小于 2×10^4h。

（2）在使用寿命期间内，通信用交流不间断电源系统的平均失效间隔时间应不小于 1×10^5h。

10.3.7　发电设备

（1）柴油机发电机组，在 10 年使用时间或累计运行时间不超过大修要求的运行时间，平均失效间隔时间应不小于 800h。在常温 5～35℃下，启动失败率应不大于 1%。

（2）燃气轮机发电机组，在规定使用寿命期间内，在规定使用条件下，平均失效间隔时间应不小于 2500h，启动失败率应不大于 0.6%。

（3）太阳能电池方阵的平均寿命应不小于 1.31×10^5h。

（4）太阳能电池控制器在 15 年使用时间内，平均失效间隔时间应不小于 5×10^4h。

10.4　故障判断依据

10.4.1　电源设备的主要故障判断依据

当设备出现主要技术性能不符合要求，不检修将影响设备和系统正常工作的障碍，判定为设备故障；主要电源设备发生以下障碍时，判定为故障。

（1）整流设备：不能输出额定电流、电压超出允许范围、杂音电压高、稳压精度低于规定值、影响设备和系统工作或安全的告警、保护性能异常等。

（2）UPS 设备：不能输出额定电流、电压超出允许范围、稳压精度低于规定值、影响设备和系统工作或安全的告警、保护性能异常等。

（3）配电设备：不能输出额定电流、电压降超出规定范围、动作失灵、影响设备和系统工作或安全的告警、保护性能异常等。

（4）发电机组：连续三次启动不成功，机组不能输出额定电流，电压和频率波动超出规定范围，出现四漏（水、油、气、电泄漏），自动化机组的自动功能异常等。

（5）蓄电池组：蓄电池组出现落后电池，短路或电池出现渗漏、变形、起火、爆炸现象。

10.4.2　电源系统的故障判断依据

（1）直流供电系统：不能输出规定电流；电压超出允许范围；杂音电压高于允许值。三项中出现任何一项则判定为系统故障。

（2）交流供电系统：电压或频率超出允许变动范围，则判定为系统故障。

10.5　电源系统各设备的参考配置

10.5.1　设备配置的基本原则

（1）电源系统的设备数量和容量应根据通信局（站）电源系统的不可用度指标进行配置，同时还应进行技术和经济比较，合理选配。

（2）供电系统在建设时，应提高外市电的可靠性，合理减小蓄电池的容量。但在小型通信局（站）中，如提高外市电可靠性有困难时，可以适当加大蓄电池组的容量。

10.5.2　高压柜的参考配置

（1）630kVA 以上的变压器应配置高压柜，一、二类局（站）宜采用高压真空开关，综合继电保护；三类及以下通信局可采用环网柜。

（2）采用两路高压进线的局（站），主、备使用的两路市电高压进线柜应具备可靠的电气联锁。

10.5.3　变压器的参考配置

（1）二类及以上通信局站应采用专用变压器，并考虑冗余配置，在任意一台变压器检修或故障的情况下，其余的变压器可以保证通信负荷及其空调的用电。

（2）优先考虑采用技术先进的节能变压器。

10.5.4　低压柜的参考配置

（1）二类及以上通信局站低压配电柜之间宜加联络，无功补偿在低压侧进行；油机市电的转换在低压柜列进行。

（2）低压柜屏顶母线及进线开关的容量应兼顾远期可能的变压器扩容。

10.5.5　发电机组的参考配置

（1）发电机组的容量配置

一类或二类市电供电方式下，发电机组的容量应能同时满足通信负荷功率、蓄电池组的充电功率、机房保证空调功率以及其他保证负荷功率；三类市电供电方式应包括部分生活用电；四类市电供电方式应包括全部生活用电。

（2）发电机组的台数配置

一类市电供电方式下，仅考虑单备份容量机组，台数根据总容量大小和其他条件配置一台或多台；二到四类市电供电方式下，一、二、三类（局）站应考虑双备份机组容量，交通不便的处于重要地区的移动通信基站可根据情况配置一台固定机组。

（3）移动电站的台数配置

电源维护中心应根据集中监控维护管理区的实际情况，按照 YD/T 5040 的要求配置数台移动电站（车载机组、拖车机组或便携式汽油机），提供应急电源。

10.5.6　UPS 设备参考配置

UPS 可以根据供电对象的重要程度采用 $N+1$ 并联冗余模式或双总线模式。

UPS 输入、输出配电柜应考虑维修旁路设置。

UPS 蓄电池每台宜按 1 组配置，容量不足时可并联，并联组数不能超过 4 组，每组蓄电池应有独立的熔断器保护。

10.5.7　直流设备参考配置

（1）整流设备参考配置

高频开关整流器的总容量应满足通信负荷功率和蓄电池组的充电用功率。整流模块的数量应采用冗余配置方式，当主用模块数小于或等于 10 个时，备用一个；当主用模块数大于 10 个时，每 10 个备用一个。

（2）蓄电池组参考配置

- 每个系统蓄电池宜分两组或多组配置，最多不应超过 4 组；

- 蓄电池的容量根据局站类型和市电引入类别按 YD/T 5040 要求配置；

- 不同厂商、不同型号、不同容量、不同时期（出厂日期相差 1 年以上的认为是不同时期）的蓄电池严禁串、并联使用。

（3）直流－直流变换器设备的参考配置

同型号、同容量的变换器可多台并联使用，主用变换器的总容量应按最大负荷电流确定。变换器的数量应采用 $N+1$ 热备用的冗余配置方式。

11　接地与防雷

11.1　通信局（站）必须采用联合接地方式

通信局（站）的联合接地方式使局（站）各建筑物的基础接地体和其他接地体相互连通形成一个公用地网，包括埋在大地中的专设接地体、接地线、与接地体相连的电缆屏蔽层、接地体相连的设备外壳或裸露金属部分、建筑物钢筋、上下水管及构架在内的复杂系统。接地体、接地引入线、不同等级的接地汇集线（MET，FEB，LEB）以及接地线等四部分组成通信局（站）接地连接系统，接地汇集线、接地线以逐层星状－网状混合型方式相连，各等电位连接网络均与共用接地系统有直通大地的可靠连接。每个通信子系统等电位连接网络，不宜再设单独的接地引下线接至总等电位接地端子板（小型局（站）除外），而宜将各个等电位连接网络用接地线引至本楼层 FEB。局（站）内接地连接系统、各类设备的接地以及建筑防雷接地共同使用的公用地网联合接地方式如图 9 所示。

11.2　接地与防雷原则

11.2.1　接地线

接地线截面积，应根据可能通过的最大电流负荷电流确定，不准使用裸导线布放。一般宜选用的导线截面可按照表 5 执行。最小接地线导线截面一般不小于 4mm^2 的多股铜导线。

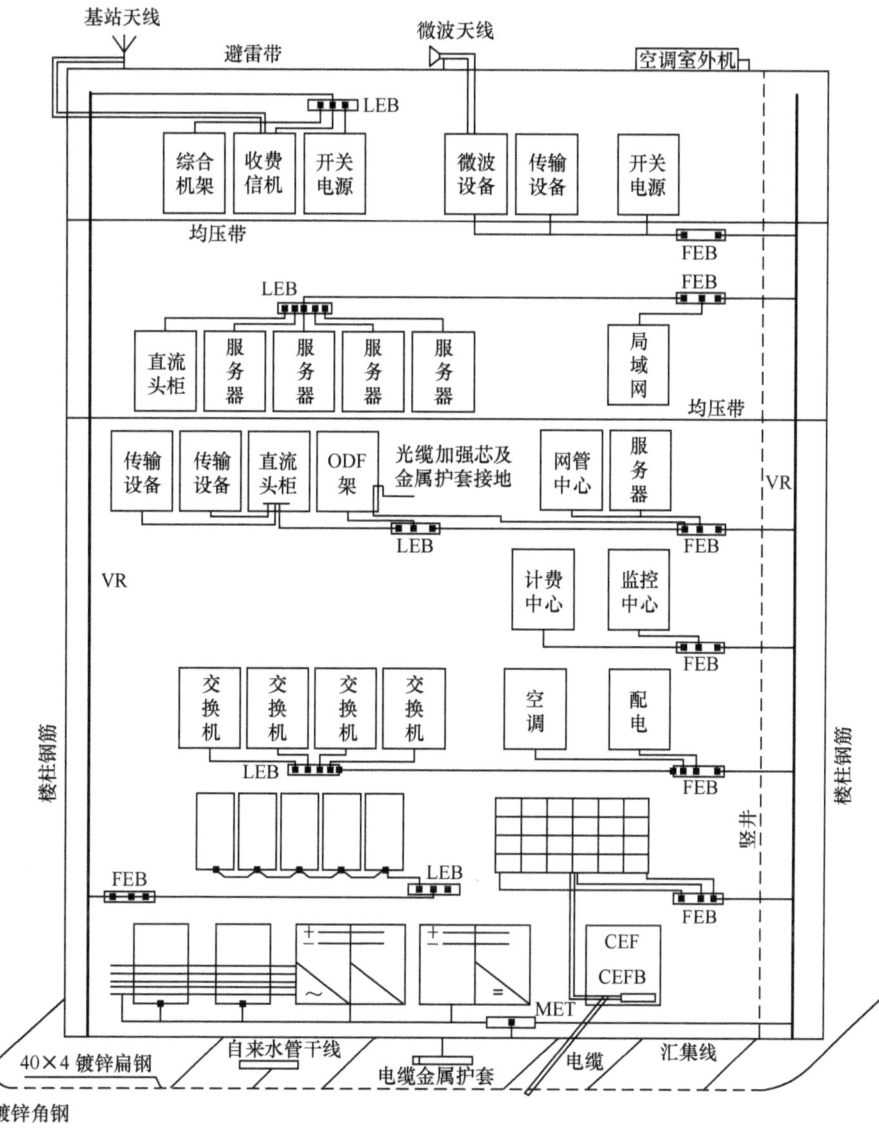

图 9　通信枢纽楼联合接地方式示意

表 5　接地线截面选择

相线截面 S（mm²）	PE 线截面（mm²）
$S \leqslant 16$	S
$16 < S \leqslant 35$	16
$S > 35$	$\geqslant S/2$

（1）接地线两端的连接点应确保电气接触良好，并应作防腐处理；

（2）严禁在接地线中、交流中性线中加装开关或熔断器。

11.2.2　出、入局（站）交流电力线的接地与防雷

（1）出、入局（站）交流电力线路应选用具有金属铠装层的电力电缆，且埋设于地下入局，其金属护套两端应就近接地，缆内的芯线，应加装相应等级的限压型 SPD。

（2）电力变压器的高、低压侧的相线应分别对地加装避雷器（高压避雷器应满足局（站）环境的使用条件），其接地端与变压器机壳地以及低压侧中性点地汇集后就近接地。

11.2.3　局内设备的接地

局内设备的接地如图 9 所示。

11.3　SPD 的选择

（1）通信局（站）雷电过电压保护应采用限压型 SPD。

（2）通信局（站）SPD 的设置，应采用多级保护逐级限压的原则。

（3）通信局（站）雷电过电压保护设计，应注意对各保护区 SPD 的合理设置，其残压应小于该保护区内被保护设备的耐压值，以达到逐级保护通信设备的目的。

12　监控

12.1　概述

通信局（站）电源、空调和环境集中监控管理系统（以下简称监控系统）是提高通信局（站）电源系统稳定、可靠、安全供电和集中维护管理的一个重要环节。监控系统的目标是对监控范围内的电源系统、空调系统和系统内的各个设备及机房环境进行遥信、遥测、遥控，实时监视系统和设备运行状态，记录和处理监控数据，及时检测故障并通知维护人员处理，实现电源、空调的集中维护和优化管理，提高供电系统的可靠性和通信设备的安全性，达到通信局（站）少人或无人值守。

12.2　监控系统结构

根据电信发展形势和维护要求，监控系统宜采用逐级汇接的三级网络结构，在此基础上可根据维护管理要求灵活配置网络结构形式。典型的三级网络结构为：端局（站）设置监控单元（Supervision Unit，SU），区或若干个端局（站）设置监控站（Supervision Station，SS），本地网设置监控中心（Supervision Center，SC），如图 10 所示。

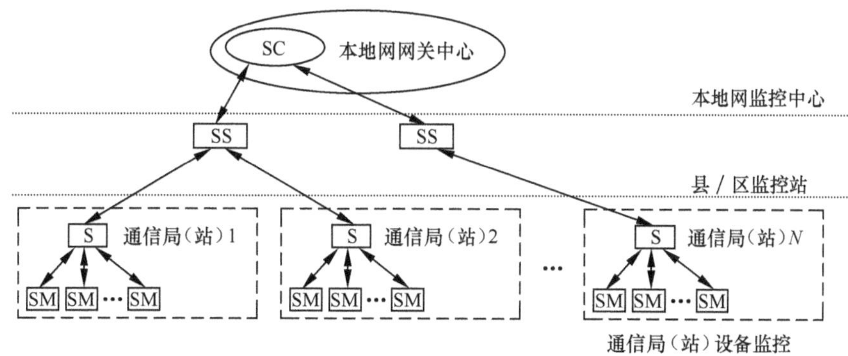

图 10　通信局（站）电源、空调及环境集中监控管理系统三级结构

12.3　监控系统组网原则

本地网管中心设置一个监控中心 SC，属于本地网管的一个组成部分；根据本地网具体情况，监控中心 SC 可下设一个或数个 SS；根据各 SS 具体情况，可下设数个通信局（站）SU；各通信局（站）可根据监控设备和参数具体情况设置一个或数个监控模块（Supervision Module，SM）。根据监控对象和内容，监控模块分为自备式监控模块（智能电源、空调设备等自带的具有监控性能和通信接口的监控模块）和通用型监控模块（监控非智能型电源、空调设备和机房环境参数等所附加的监控模块）两种。通用型监控模块应有数字输入、数字输出、模拟输入、脉冲输入等接口，分别与非智能设备的相应信号连接。

12.4　传输

监控模块与监控单元之间，宜采用总线和点到点通信方式。物理接口采用 RS485/RS422、RS-232C。

监控单元、监控站、监控中心之间的通信应充分利用已建成的电信管理网。监控站与监控中心间的主用传输路由不宜采用拨号线方式。

12.5　监控对象和内容

通信局（站）电源系统监控的主要对象为：高压配电设备、低压配电设备、变压器、备用发电机组、UPS、逆变器、整流配电设备、蓄电池组、直流－直流变换器、太阳能控制设备、风能设备、空调设备，以及安装这些设备的各机房的防火、防盗、温／湿度等环境参数，监控内容主要有：电压、电流、电度、频率、设备运行状态、温／湿度等。

12.6　监控系统功能指标

12.6.1　可靠性

监控系统的采用不应影响被监控设备的正常工作；系统局部故障时不应影响整个监控系统的正常工作；监控系统应具有自诊断功能，对数据紊乱、通信干扰等可自动恢复，对通信中断、软硬件故障等应能诊出故障并及时告警；监控系统应具有较强的容错能力，不能因用户误操作等引起程序运行出错；监控系统应具有处理多事件多点同时告警的能力；监控系统硬件的平均失效间隔时间应大于 100000h，平均故障修复时间（MTTR）应小于 0.5h；整个监控系统的平均失效间隔时间应大于 20000h。

12.6.2　可扩充性

监控系统的软、硬件应采用模块化结构，便于监控系统的扩充、升级。

12.6.3　实时性

从告警发生到有人值守监控中心接收到告警信息的时间间隔不大于 10s（拨号通信方式除外）。

12.6.4　安全保障

监控系统应具有在前端监控微机上设置禁止远端遥控的功能。

12.6.5　测量精度

直流电压应优于 0.5%；蓄电池单体电压测量误差应不大于 ±5mV；其

他电量应优于 2%；非电量一般应优于 5%。

12.6.6　电源

监控系统应采用不间断电源供电。

12.6.7　接地

监控系统应采用局（站）内的接地系统。

12.6.8　硬件

监控系统硬件设备应采用国际上通用的高可靠性的计算机及配套设备；系统硬件应能适应安装现场温度、湿度、海拔、干扰等要求，应有可靠的抗雷击和过电压保护装置；监测机房环境等使用的烟雾、防盗传感器等应经过公安消防部门认可。

12.6.9　软件

计算机系统所采用的操作系统、数据库管理系统、网络通信协议和程序设计语言等应采用国际上通用的系统，且便于纳入本地网管系统，系统软件应有合法使用证明；监控软件应包含以下功能模块：安全管理，配置管理（设备管理、人员管理、监控点管理），通信管理，设备监控，告警管理，性能管理，数据管理，打印，帮助等。

13　电源设备主要技术性能要求

13.1　通信电源系统内开关电源设备、UPS 设备、蓄电池、发电机组、燃气轮发电机组、交流配电屏、直流配电屏、防雷器件等具有行业技术标准的参照其技术要求。

13.2　高低压配电、变压器的主要技术要求见附录 A。

14　环境要求

14.1　机房温、湿度要求

保证设备正常工作的机房温、湿度要求见表 6。

表 6　机房温、温度要求

机 房	电力室	蓄电池室	变配电、发电机组机房
温度（℃）	10 ～ 30	5 ～ 35 [1]	5 ～ 40
相对湿度（%）（温度 ≤ 30℃）	30 ～ 85	≤ 85	≤ 85

注：安装阀控式密封铅酸蓄电池的机房最高温度不宜超过 30℃

14.2　机房防尘要求

机房内应无爆炸、导电、电磁的尘埃，无腐蚀金属、破坏绝缘的气体。

14.3　噪声要求

发电机组产生的噪声在城市区域内的最大影响，应不超过 GB 12348 的规定值，噪声的测量方法符合 GB 12349 的规定。

14.4　防灾害要求

14.4.1　防火要求

电源系统机房防火要求，应符合 GB 50016 和 GB 50045 中的相关规定。

重要通信局（站）和无人值守的电源机房，应安装火灾自动检测和告警装置，并配备与通信机房相适应的灭火装置。

机房电力电缆应采用阻燃电缆。

14.4.2　防水要求

电源机房应采取防水灾措施。

14.4.3　抗震要求

电源设备的安装应采取抗震加固措施。

14.5　其他要求

对变电站和其他电源机房，应采取防止小动物进入机房内的措施。

附录 A
（规范性附录）
变配电设备主要系列和技术要求

A.1　高压配电设备

A.1.1　10kV 断路器的容量系列

（1）真空开关的容量系列：630A、1250A；

（2）熔断器的容量系列：630A、400A、200A、100A、50A。

A.1.2　柜体要求

（1）真空开关柜型：中置式、手车式、固定式，优先采用便于维护操作的中置式。

（2）环网柜型：固定式，熔断器可插拔。

（3）开关柜应具有"五防"功能（防止误分 / 合断路器，防止带负荷分 / 合隔离开关，防止带电合接地开关，防止带接地开关合闸，防止误入带电间隔）。

（4）外壳防护等级为 IP4X，断路器室门打开时为 IP2X，电缆进线孔应有密封措施。

（5）进出线方式：根据工程需要。

（6）绝缘水平：1min 工频耐受电压（有效值）为 42kV（相间、相对地）。

（7）雷电冲击耐受电压（峰值）：75kV（相间、相对地）。

（8）主母线额定电流：1250A、630A。

（9）额定短时耐受电流：31.5kA。

（10）额定短路持续时间：4s。

（11）额定峰值耐受电流：80kA。

（12）进线、联络、测量及出线柜上应有高压带电显示装置。

A.1.3　真空断路器技术参数

（1）额定电压为 12kV，额定频率为 50Hz，额定短路开断电流为 31.5kA、25kA，额定短路关合电流（峰值）为 80kA。

（2）合闸、分闸机构、储能电机电源电压和辅助回路的额定电源电压：220VDC 或 110VDC。

（3）真空断路器操动机构形式：电动（可以手动）。

（4）电寿命：

- 额定电流下允许开断次数 ≥ 10000 次；

- 额定短路开断电流下允许开断次数 ≥ 50 次。

（5）机械寿命 ≥ 10000 次。

（6）合闸时间 ≤ 75ms，分闸时间 ≤ 60ms。

（7）操作机构在 85% ～ 110% 额定值之间任一电源电压下应能使开关合闸和分闸，贮能电动机及其电气操作辅助设备在此条件下也能正常操作。

（8）真空断路器应设有稳定可靠的过电压吸收装置。

（9）负荷开关机械寿命应大于 5000 次。

A.1.4　智能综合数字继电器（综合继保）

高压真空开关柜应采用智能综合数字继电器（综合继保），该装置应具备以下功能。

（1）通过该装置可以设置各种继电保护参数，就地数字显示电压、电流、有功、无功、频率、电度。

（2）具备 RS232 和 RS485 接口。

（3）各柜综合继保能满足的功能如表 A-1。

表 A-1　各柜综合继保满足的功能

柜型	进线柜	出线柜
保护功能	速断、过流、失压	速断、过流、零序、变压器超温跳闸
遥测功能	三相电流、电压	三相电流
遥信功能	断路器状态、速断、过流保护、欠压脱扣	断路器状态、接地开关状态、速断、过流、零序电流保护、变压器超温跳闸

A.2　变压器

A.2.1　容量系列

315kVA、400kVA、500kVA、630kVA、800kVA、1000kVA、1250kVA、1600kVA、2000kVA、2500kVA。

A.2.2　技术要求

（1）适用技术

- 接线组别：Dyn11。

- 额定频率：50Hz。

- 低压绕组形式：箔绕式。

- 外壳防护等级：不小于 IP20。

- 冷却方式：AF（强迫风冷）。

- 额定电压：一次额定电压 10kV；二次额定电压 0.4kV。

- 一次最高工作电压：11.5kV。

（2）高压分接范围：$\pm 2 \times 2.5\%$（一般情况下），特殊地区可更改。

（3）变压器的绝缘耐压等级：$\geqslant$ H 级。

（4）中性点接地方式：中性点直接接地。

（5）Po 空载损耗：按国家节能变压器的对应系列标准。

（6）Pk 负载损耗（120℃）：按国家节能变压器的对应系列标准。

（7）短路阻抗：6%。

（8）温升：$\geqslant$ 125 k。

（9）局部放电量：$\leqslant$ 10pC。

（10）绝缘水平

高压侧（电压等级 10kV）：额定短路时工频耐压（有效值）为 35kV（300s）；

额定雷电冲击耐压（峰值）为 75kV。

低压侧（电压等级 0.4kV）：额定短路时工频耐压（有效值）为 3kV（300s）。

（11）温度显示及控制

变压器带温控器并具有 RS232 或 RS485 通信接口（可提供温度输出），

免费提供通信协议软件，通过接口可以传送以下信息。

- 遥测：变压器温度。

- 遥信：风机告警、变压器超温告警。

- 应有高温报警和超温跳闸功能，并各提供 1 对干接点接线端子，并做标示。

- 应提供停 / 开风机温度、高温报警、超温跳闸数据。

- 温控器工作电源 220VAC。

A.3　低压配电设备

A.3.1　技术要求

（1）系统组成

低压供电系统以市电作为主用电源，油机作为备用电源，单母线分段运行的 380V 低压交流供电系统。

（2）适用技术标准

应符合国家及行业的相关标准。

（3）开关柜技术参数

- 电气设备额定电压：690V。

- 额定频率：50Hz。

- 相数：三相（三相五线制）。

- 额定电流：与所连接变压器的额定输出容量。

- 垂直母线：应不小于柜内开关容量要求。

- 额定绝缘电压：1000V。

- 额定短时耐受电流（1s）：水平母线 100kA，垂直母线 50kA。

（4）柜体结构

分为固定式、抽屉式、抽出式、固定分割式，柜体的基本框架为组合装配式结构，装置内零部件尺寸、隔室尺寸实行模数化。柜内某一开关故障时不影响其他开关，且每个开关可以方便取出，并可用同容量开关替换。

（5）外壳

外壳防护等级不小于 IP3X。垂直母线采用绝缘保护，防止偶然接触，打开门后其内部防护等级达 IP2X。

每回路出线均应标出回路名称。

柜顶部提供开有电缆孔的底板并带有阻燃橡皮圈。

（6）母线

本开关柜采用三相五线制，本柜母线应采用高导电率铜导体，柜内相排应有相序标识。

根据水平母线要求的额定电流，选择铜母线的规格。PE 线截面积应不小于相导线截面积的 1/2。

每段母线末端预留连接孔，以便增加新配电柜等设备时母线延伸连接。

PE、N 线及连接排上均开有充足的模数孔用于电缆的连接。

（7）柜体分区

相同参数的可动元件对同类型的柜应具有完全的互换性，相同参数和结构的其他元件也应有互换性。

分隔措施：断路器一、二次回路安全隔离，附件可现场安装。

（8）进出线方式

除市电进线柜、联络柜采用插接式密集母线上进线，其余配电柜及电源屏均采用电缆下进、出线。采用密集母线连接的配电开关应预留其铜母线连接排，各开关应预留充足的接线端子和接线空间。

（9）机械联锁

开关柜的门和抽出单元采用机械联锁装置，使其在通电时不能开门或拉开抽屉，以保障安全。

（10）单元抽屉

通过机构联锁，使每个抽屉单元都具有连接（工作）位置、试验位置、移动（抽出）位置和分断（隔离）位置，最多可加挂 3 把锁。

应保证同类规格的低压断路器或抽屉能够互换，应保证触头的接触压力或温升满足相关的国标、行标。

A.3.2　主要元件

（1）低压框架断路器

根据情况选用三极或四极断路器，见表 A-2。

表 A-2　开关柜中的框架断路器技术要求

断路器容量（A）	800～2000	2500～3200
额定电压（VAC）	690	690
额定操作电压 Ue（VAC）	220	220
额定绝缘电压 Ui	1000V/50Hz	1000V/50Hz
额定运行短路分断能力 Icu（kArms）	≥ 65	≥ 65
机械使用寿命 CO（操作次数）	20000	20000
电气使用寿命 CO（操作次数）	≥ 8000	≥ 8000

注：要求断路器在 55℃以下及反向馈电时均不降容，断路器要求零飞弧。

（2）操作机构

型式：弹簧操作机构，应能本地和远方操作。

操作电源：220VAC。

储能电动机的额定工作电压：220VAC。

（3）电流保护：断路器保护装置具有三段保护特性（过载长延时、短路短延时、短路瞬时）。

（4）断路器提供的辅助接点应满足本工程要求。

（5）塑壳断路器额定运行时的短路极限分断容量。

- 400A 容量及以上的开关：≥ 50kA。
- 250A 容量及以下的开关：≥ 36kA。

（6）断路器采用电子或热磁脱扣器，400A 及以上的开关宜采用电子脱扣，并可对过载保护电流、瞬时短路保护电流进行现场整定。

（7）塑壳断路器水平安装，反向馈电不降容，零飞弧。

A.3.3　ATS 切换开关

（1）额定操作电压（Ue）：220VAC 。

（2）额定绝缘电压（Ui）：1000V/50Hz。

（3）额定电流：详见一次电路图。

（4）开关极数：4 极，3 相＋ N。

（5）额定短路耐受电流：100kA。

（6）电寿命：≥ 1000 次。

（7）机械寿命：≥ 10000 次。

（8）要求辅助接点最少各 4 对。

（9）中性线转换方式：具备中性线过渡转换、延时切换功能。

（10）配置智能控制器（在市电端停电时可输出油机启动的闭合节点信号，市电来电时断开）。

A.3.4　干式电容器

（1）为避免放大谐波电流，并防止谐振的发生，电容器补偿柜要求在每个电容器回路中串接一定比例的电抗器。

（2）电容器应具有不浸油、不渗漏、不燃烧、不污染环境以及寿命长、损耗低等先进指标，同时应与配套设备的技术参数相适应并满足电压波动的允许条件。

（3）电容器应具有自愈性能、环保产品。

（4）电容器被永久击穿时仅故障元件退出运行，其他元件仍可正常运行。

（5）自动投切电容器的装置使功率因数保持在 0.9 以上，同时分组切投时，不应产生谐振。

（6）所配置接触器选用电容接触器，并考虑电容器的节能。

A.3.5　过电压保护装置

变压器输出柜应配置过压保护装置，冲击通流容量根据各地所处环境确定。

过压保护装置应有短路保护功能，防止因自身短路引起电源系统的短路，但不能影响浪涌抑制器的正常泄流。

A.3.6　绝缘水平

工频耐受电压（有效值）为 2kV 1min。

控制和辅助回路工频耐受电压（有效值）为 1.5kV。

A.3.7　允许温升

在环境温度不高于 +35℃时，在额定频率下长期通过额定电流，其温升不应超过下列数值：

- 空气中铜触头 65k；

- 外壳及支架 20k。

附录 2

YD

中华人民共和国通信行业标准

YD 5184—2009

通信局（站）节能设计规范

前　言

本规范是根据原信息产业部《关于安排 2008 年（通信工程建设标准）制定计划的通知》（工业和信息化部规函〔2008〕132 号）的要求而制定的。

本规范对各种通信局（站）的建筑、通信设备、配套设备等方面提出了节能要求。

本规范中用黑体字标注的条文为强制性条文，必须严格执行。

本规范由工业和信息化部通信发展司负责解释、监督执行。

本规范在使用过程中，如有需要补充或修改的内容，请与部通信发展司联系，并将补充或修改意见寄部通信发展司（地址：北京市西长安街 13 号，邮编：100804）。

主编单位：中讯邮电咨询设计院有限公司

主要起草人：吕　威　王殿魁　李红霞　崔红英　赵　凯

刘　为　张德科　谷　磊　乔月强

参编单位：华信邮电咨询研究设计院有限公司

中国移动通信集团设计院有限公司

江苏省邮电规划设计院有限责任公司

主要参加人：叶向阳　宋福峰　卢智军

1　总　则

（1）本规范造用于新建通信局（站）的节能设计，改、扩建通信局（站）的节能设计可参照执行。

（2）通信局（站）的节能设计应考虑建筑节能、通信设备节能和配套设备节能三个主要方面。

（3）节能设计中采用的节能措施和方案不得降低通信系统运行的安全性。

（4）节能设计应做到因地制宜、技术先进、经济合理、安全适用。改、扩建工程应充分考虑现有通信局（站）的特点，合理利用原有建筑、设备和器材，积极采取革新措施，力求达到先进、适用、经济的目标。

（5）本规范与国家有关标准和规范相矛盾时，应以国家标准和规范为准。如执行本规范个别条文有困难时，在设计中应提出充分理由并经主管部门审批。

其他通信行业标准、规范中的相关技术要求与本规范相矛盾时，应以本规范为准。

2　建筑节能要求

2.1　通信局（站）的总体布局

（1）通信局（站）的选址应符合 YD/T 5003—2005《电信专用房屋设计规范》的相关规定。

（2）通信局（站）总平面的布置和设计，宜充分利用冬季日照和夏季自然通风，并避开冬季主导风向。其主要朝向宜选择本地区最佳朝向或接近最佳朝向，避开夏季最大日照朝向。

2.2　通信局（站）节能设计的一般规定

（1）通信局（站）围护结构的热工性能应符合 GB 50189—2005《公共建筑节能设计标准》中 4.2.2 条的相关规定。

（2）通信局（站）设计应控制其体型系数，体形不宜变化太大。严寒、寒冷地区通信局（站）的体形系数应小于或等于 0.40。

（3）通信局（站）不同朝向的窗墙面积比应符合 GB 50189—2005《公共建筑节能设计标准》的规定。

（4）通信局（站）不宜设置大面积玻璃（或其他透明材料）幕墙。

（5）常年无人值守的机房不应设外窗。

（6）夏热冬暖、夏热冬冷地区的通信局（站）以及寒冷地区中制冷负荷大的通信局（站），外窗宜设置外部遮阳，其遮阳系数应符合 GB 50189—2005《公共建筑节能设计标准》的规定。

（7）严寒、寒冷地区通信局（站）不宜设开敞式楼梯间和开敞式外廊。

（8）通信局（站）的外门应采取保温隔热节能措施。严寒地区通信局（站）的外门应设门斗；寒冷地区通信局（站）的外门宜设门斗，不设门斗的应采取其他减少冷风渗透的措施。

（9）通信局（站）电缆及管线通过围护结构的孔洞，应按 CECS154:2003《建筑防火封堵应用技术规程》的要求，采用同等耐火极限的防火封堵材料封堵严密。

（10）通信局（站）外墙与屋面的热桥部位的内表面温度不应低于室内空气露点温度。通信局（站）上下层空调房间温差较大时，应保证上下层房间的内表面温度不应低于室内空气露点温度。

（11）通信局（站）的空调室外机平台宜靠近空调室内机设置，室外机平台宜敞开，朝向不宜西向。应根据空调室外机的数量及排列方式预留适当的室外机平台面积。

2.3　围护结构及其材料的节能设计要求

2.3.1　通信局（站）墙体应符合下列节能要求。

（1）采用节能墙体材料。

（2）采用高效的建筑绝热材料。

（3）寒冷、夏热冬冷及夏热冬暖地区的建筑，当墙体采用轻质结构时，应按 GB 50176《民用建筑热工设计规范》的规定进行隔热验算。

（4）严寒和寒冷地区通信局（站）需保温的外墙应首选外保温构造。设计中应采用 JGJ 144—2004《外墙外保温工程技术规程》和本地区建筑节能设计标准推荐的技术。

2.3.2　通信局（站）门窗应符合下列节能要求。

（1）采用高效节能玻璃。

（2）采用高效节能门窗框材料。

（3）采用高效节能门窗。

（4）通信局（站）外窗的气密性不应低于 GB/T 7107—2002《建筑外窗气密性能分级及其检测方法》中规定的 4 级，应具有较好的防尘、防水、防火、抗风、隔热性能，且满足通信工艺设计的电信机房洁净度要求。

（5）通信局（站）的机房宜选用具有保温性能且安装闭门器的防火门。

2.3.3　通信局（站）屋面应符合下列节能要求。

（1）屋面隔热根据不同地区、不同条件采用铺设保温层、倒置式屋面，设置架空层或空气间层、屋顶绿化等措施。

（2）屋面保温层宜选用吸水率低、密度和导热系数小、有一定强度且长期浸水不腐烂的材料。

2.3.4　通信局（站）楼地面应符合下列节能要求。

（1）通信局（站）底面接触室外空气的架空或外挑楼板、采暖房间与非采暖房间的楼板、周边地面、非周边地面、采暖地下室外墙（与土壤接触的墙）的传热系数及热阻应满足 GB 50189—2005《公共建筑节能设计标准》中 4.2.2 条的相关规定。

（2）地面及楼板上铺设保温层，宜采用硬质挤塑聚苯极、泡沫玻璃保温板等板材或强度符合地面要求的保温砂浆等材料。其燃烧性能应符合现行的有关国家标准、规范的规定。

2.4　通信局（站）空调节能设计要求

（1）新建通信机房楼空调系统应满足国家节能、环保的相关要求，并宜根据建筑规模、安装通信设备的散热量特点、所在地区气象条件、能源状态等，通过技术经济比较确定设计方案。

（2）改、扩建项目的空调系统宜根据原有建筑物内空调方式，结合改、扩建项目对空调系统的使用要求，综合考虑后确定设计方案。

（3）设计空调系统时，室内设计温度在满足通信设备正常工作要求的条件下，不应低于 26℃。

（4）在满足需求时，夏季应尽量减少新风量，降低空调负荷。

（5）设计中央空调系统时，宜根据建设项目所在地的气候特点，在过渡季节及冬季采用室外空气作为自然冷源，减少冷水主机运行时间。

（6）采用分散式空调系统时，机房专用空调机的能效比（EER）应大于

2.8，且显热比应大于 0.9。

（7）发热量大的通信机房，宜采用下部送风、上部回风方式。作为送风功能使用的架空地板高度应根据送风量计算确定，但净高不宜低于 350mm。架空地板内不应布放通信设备线缆。

（8）机房上送风时，机房送风距离 10m 以内的，应采用静压箱总风管直接开风口送风方式和送风帽送风方式；机房送风距离 15m 以内的，应采用送风管送风方式，风管、送风口的尺寸规格应根据通信设备散热量计算确定；机房送风距离大于 15m 的，宜采用两侧布置空调室内机的送风方式。

（9）通信机房空调室内机和室外机布置水平距离和垂直距离应尽量短。

（10）空调室外机设计时，应根据室外机散热所需的风量确定其间距。

（11）空调机台数较多、通信设备散热量不均匀、面积较大的机房，宜通过技术经济比较，确定是否采用空调自适应控制系统。

（12）基站空调的节能设计应符合下列要求。

- 新建基站应考虑节能设计，已建或已有基站应根据现场条件采取适当的节能措施实施节能改造。

- 新建及现有基站的空调节能方案应考虑基站所处地区的气象环境因素、机房建筑结构、设备布局、设备功耗、空调气流组织等因素，通过技术经济比较选出最优的综合节能方案。

2.5　通信局（站）电气节能设计要求

2.5.1　通信局（站）灯具选择应符合下列要求。

（1）灯具光源选用荧光灯、节能灯、金卤灯、LED 灯等高效节能光源，其中荧光灯选用 T8 或 T5 系列三基色荧光灯；荧光灯配电子镇流器，金卤灯配高效电感镇流器。

（2）金卤灯、荧光灯等采用带电容补偿的产品，功率因数应在 0.9 以上。

（3）灯具选用效率高的产品，开敞式带反射罩的灯具效率不小于 75%，格栅灯具效率不小于 60%。

2.5.2 通信局（站）的照度标准应严格按照国家和行业标准推荐的取值，对个别要求高的部位，可采用局部照明解决。

2.5.3 灯具控制应符合下列要求。

（1）机房内应合理设置照明灯具开关，靠窗的灯具宜单独控制；机房内照明宜采用分区域控制，每个控制区域的灯具宜设置全开、半开两种控制状态。

（2）楼梯间灯具开关宜设置成节能自熄开关。

（3）局房附属的地下车库照明和走道照明宜进行分区、间隔控制。

2.5.4 其他用电设备应符合下列要求。

（1）风机、水泵等应选用高效、节能产品。

（2）频繁启动的生活水泵、常用风机等宜采用变频控制。

（3）设有中央空调或面积较大的局站应采用楼宇自控系统。

3　通信设备及安装设计节能要求

3.1　通信设备节能要求

（1）通信机房的温度与相对湿度应符合表 3-1 的要求。

表 3-1　通信机房温度与相对湿度要求

通信设备	温度范围（℃）	相对湿度范围（%）
一类通信机房	+10 ～ +26℃	40% ～ 70%
二类通信机房	+10 ～ +28℃	20% ～ 85%
三类通信机房	+10 ～ +30℃	20% ～ 90%

注：1. 机房的温、湿度是指在地面上 2m 和设备前方 0.4m 处测量的数值。

　　2. 通信机房内温度的变化率应小于 5℃/h。

　　3. 通信机房内不得凝露。

　　4. 一类通信机房及设备包括 DC1、DC2 长途交换机，骨干/省内转接点，骨干/省内智能网 SCP，一、二级干线传输枢纽，骨干/省内骨干数据设备。国际网设备、省际网设备、省网网路设备、全国（CMNET）数据业务骨干网，全国集中建设承担全网或区域性业务的业务系统，光传送网一级干线设备，动力机房。

　　5. 二类通信机房及设备包括汇接局、关口局、本地智能网 SCP、本地传输网骨干节点、本地数据骨干节点、IDC 机房、VIP 基站，服务于重要用户（要害部门）的交换设备、传输设备，数据通信设备的通信机房，动力机房。

　　6. 三类通信机房包括市话端局通信机房，城域网汇聚层数据机房及所属动力机房，长途传输中继站、普通基站、边际网基站，网优基站。

（2）核心网扩容设备（新建机架）必须采用竖插板件结构。

（3）通信机房的机架内部应采取防回流措施。

（4）通信设备可采用下进风、正面吸风或侧进风方式。采用空调送风侧进侧出时，通信设备面板的开孔率不得低于 50%。

（5）通信设备应使用智能软件优化电源管理，以智能化的动力管理降低设备能耗。

3.2　通信设备安装设计节能要求

3.2.1　**通信设备选型应符合下列要求。**

（1）在满足技术和服务指标的前提下，优先选用高度集成化、低功耗、采用节能技术的设备。

（2）在满足设备正常运行、维护要求的基础上，优先选用自然散热产品，减少风扇的使用。

（3）宜选用能够根据业务量负荷自行关闭、开启基站载频等部件的设备，在网络负荷较低时关闭部分载频等部件。

3.2.2　**设计中应综合利用各种通信设备，减少设备及配套设施数量，并符合下列要求。**

（1）充分利用已有站址配套资源，共享机房、电源、空调等设施。

（2）建设室内覆盖系统时，不同制式的通信系统宜共用分布系统设施，减少相关器件、馈线的数量以及有源器件的使用。

3.2.3　**设计中应在保证安全、维护方便的前提下，合理排列通信设备，并符合下列要求。**

（1）通信机房设备机架列间距离宜根据通信设备散热量、所需空调送风量大小来确定。

（2）通信机房设备排列时，应划分出相对独立的冷、热通道，避免冷空气进入机架前与热空气温合。

3.2.4　**设计中应合理组织网络、优化网络，积极采用各种节能新技术，并符合下列要求。**

（1）顺应通信技术演进趋势，使用 IP 技术架构网络。

（2）优化网络设计，简化网络结构，提高网络利用率，避免设备闲置。

（3）制定无线网络方案时，应在满足覆盖指标和质量要求的前提下，尽量减小基站覆盖的重叠区域，并合理采用各种覆盖增强技术，以节省基站站址及设备资源。

（4）组建传输网时，应优选先进的传输技术进行网络组织，减少网络设备数量，SDH 设备应采用大容量节点设备代替多端设备。

（5）建设长途 WDM 系统时，优选超长距传输技术，减少光再生站和光放站（OA）的设置。

（6）积极推广多业务承载传送（MSTP）技术，使用统一平台承载传统和数据业务，避免因新增数据业务额外增加传输设备。

4　供配电系统节能要求

4.1　一般规定

（1）供配电系统设计时，应采取节能措施。

（2）设计中应选择节能设备，减少设备自身能耗，提高系统的整体节能效果。

（3）设计中应尽量提高供电系统的功率因数，并积极进行谐波治理。

（4）变配电系统应根据负荷容量、供电距离及分布、用电设备特点等因素合理选择集中供电或分散供电方式，降低导线使用量，合理选择导线截面、线路敷设方案，降低配电线路损耗。

4.2　设备选择及配置要求

4.2.1　电源设备的选型应符合下列要求。

（1）选择国家认证机构确定的节能型设备。

（2）选择符合国家节能标准的配电设备。

（3）基站用高频开关型整流器宜采用具有智能休眠功能的设备。

（4）开关电源和 UPS 不间断电源的效率满足相关国家和行业标准要求。

4.2.2　变电设备的选择配置应符合下列要求。

（1）变压器应选用低损耗、低噪声的节能型产品。

（2）合理计算、选择变压器容量及配置数量。变压器容量和数量应根据负荷情况，综合考虑投资和年运行费用，对负荷合理分配，选用容量与用电负荷相适应的变压器，使其工作在高效低耗区内。其中变压器的经常性负载宜达到变压器额定容量的 60%。

（3）变压器的三相负载尽量保持平衡。

（4）通信局（站）应选用 D，ynll 接线的变压器。

（5）变压器宜安装在通风良好的房间。

4.2.3　补偿设备的选择配置应符合下列要求。

（1）通信局（站）的低压配电系统应配置无功功率自动补偿装置。

（2）补偿基本无功功率的低压电容器组宜集中补偿。容量较大、负载稳定且长期运行的用电设备的无功功率宜单独就地补偿，以提高设备的运行功率因数，降低线路的运行电流。

（3）补偿电容器所在线路的谐波较严重时，补偿电容器柜应配置一定比例的电抗器。

（4）配电系统中谐波电流较严重时，无功功率的补偿容量应考虑谐波的影响。补偿后，配电系统的负荷功率因数应在 0.9 以上。

4.2.4　滤波设备的选择配置应符合下列要求。

（1）通信局（站）供电系统返回公共电网的谐波电流应符合 GB/T 14549—1993《电能质量公用电网谐波》的有关规定。

（2）交流供电系统内总谐波电流含量（THO）大于 10% 时，应配置滤波器。

（3）综合分析配电系统的负载及谐波含量，选用合适类型的滤波设备。

（4）设计中宜预留适当的滤波设备安装空间。

4.3　导线选择及布放

（1）供电系统应尽可能靠近负荷中心，以减少供电距离，缩短导线长度，降低损耗。

（2）供电线路较长时，宜在满足敷设条件、载流量、热稳定、保护配合及电压降要求的前提下，适当增加导线截面来降低线路损耗。设计中宜计算、比较增加投资与回收年限，选出最佳方案。

（3）供电距离较长的线路，应根据线路长度、负荷电流情况，综合考虑电压降要求、线路及相关设备投资成本、维护安全等因素，采用提高供电电压等级的方式降低线路损耗。

（4）布放导线时，应优化导线路由，尽量减少导线长度。

4.4 可再生能源的应用

（1）在气象条件适合的地区，市电引入线路过长或无市电，且负荷较小（小于 1kW）的通信站点的主用电源宜采用太阳能电源或风光互补电源。

（2）单独使用太阳电池的供电系统，以及太阳电池与市电构成的混合供电系统中的太阳电池方阵总容量计算及相关设备配置应符合 YD/T 5040—2005《通信电源设备安装工程设计规范》的相关规定。

（3）风光互补供电系统的配置应符合 YD/T 1669—2007《离网型通信用风光互补供电系统》的相关规定。

附录 A　本规范用词说明

本规范条文执行严格程度的用词，采用以下三级写法。

（1）表示很严格，非这样做不可的用词。

正面词采用"必须"；

反面词采用"严禁"。

（2）表示严格，在正常的情况下均应这样做的用词。

正面词采用"应"；

反面词采用"不应"或"不得"。

（3）表示允许稍有选择，在条件许可时首先应这样做的用词。

正面词采用"宜"或"可"；

反面词采用"不宜"。

YD

中华人民共和国通信行业标准

YD/T 5040—2005

通信电源设备安装工程设计规范

前　言

本规范根据信息产业部"关于安排《通信工程建设标准》修订和制订计划的通知"（信部规函〔2004〕508 号）的要求，对原中华人民共和国通信行业标准 YD 5040—1997《通信电源设备安装设计规范》和 YD 5046—1997《光缆通信工程无人值守电源设备安装设计暂行规定》合二为一，并在其基础上进行修订。

本规范规定的主要内容包括：各种通信电源设备的设计、安装要求。

本规范用黑体标注的条文为强制性条文，必须严格执行。

本规范由信息产业部综合规划司负责解释、监督执行。在规范的使用过程中，如有需要补充和修改的内容，请与信产部综合规划司联系，并将补充和修改意见寄信产部综合规划司（地址：北京市西长安街 13 号，邮编：100804）。

原主编单位：邮电部设计院

修订主编单位：中讯邮电咨询设计院

主要起草人：张清泉　　朱清峰

1　总　则

（1）本规范适用于新建通信电源设备安装工程，扩建和改建工程可参照执行。

（2）通信电源设备安装设计必须贯彻国家技术政策，合理利用资源，执行国家防空、防震、消防和环境保护等有关标准规定。

（3）通信电源设备安装设计必须在保证供电质量的前提下，考虑安装、维护和使用方便，注意战时或自然灾害等特殊条件下的通信安全。

（4）工程设计中采用的电信设备应取得信息产业部电信设备入网许可证，未取得信息产业部颁发的电信设备入网许可证的设备不得在工程中使用。

在我国抗震设防烈度 7 烈度以上（含 7 烈度）地区公用电信网中使用的传输、交换、通信电源等主要设备，应取得信息产业部电信设备抗震性能检测合格证，未取得信息产业部颁发的电信设备抗震性能合格证的不得在工程中使用。

（5）设计总体方案、设备选型等近期建设规模应与远期发展规划相结合，同时还应根据建设和发展情况、经济效果、设备寿命、扩建和改建的可能等因素，进行多方案技术经济比较，选择可靠性高、工程造价和维护成本低的方案。

（6）设计应做到切合实际、技术先进、经济合理、安全适用。扩建和改建工程应充分考虑原有通信设备的特点，合理利用原有建筑、设备和器材，积极采取革新措施。力求达到先进、适用、经济的目标。

（7）本规范与国家有关标准和规范有矛盾时，应按国家标准和规范为准。如执行本规范个别条文有困难时，在设计中应提出充分的理由并经主管部门审批。

2 市电分类及供电

（1）通信用交流电源宜利用市电作为主用电源。

（2）根据通信局（站）所在地区的供电条件、线路引入方式及运行状态，将市电供电分为四类，其划分条件应符合下列要求：

一类市电供电为从两个稳定可靠的独立电源各自引入一路供电线。该两路不应同时出现检修停电，平均每月停电次数不应大于 1 次，平均每次故障时间不应大于 0.5h。两路供电线宜配置备用市电电源自动投入装置。

二类市电供电线路允许有计划检修停电，平均每月停电次数不应大于 3.5 次，平均每次故障时间不应大于 6h。供电应符合下列条件之一的要求。

- 由两个以上独立电源构成稳定可靠的环形网上引入一路供电线。
- 由一个稳定可靠的独立电源或从稳定可靠的输电线路上引入一路供电线。

三类市电供电为从一个电源引入一路供电线，供电线路长、用户多、平均每月停电次数不应大于 4.5 次，平均每次故障时间不应大于 8h。

四类市电供电应符合下列条件之一的要求。

- 由一个电源引入一路供电线，经常昼夜停电，供电无保证，达不到第三类市电供电要求。
- 有季节性长时间停电或无市电可用。

（3）通信局（站）宜采用专用变压器。

（4）通信局（站）局内低压供电线路不宜采用架空线路。

（5）市电引入线路过长或无市电的通信站，当年日照时数大于 2 000h，负荷小于 1kW 时，主用电源宜采用太阳能电源供电。

3　供电系统

3.1　交流供电系统

3.1.1　由市电和备用发电机组电源组成的交流供电系统宜采用集中供电方式供电。在满足局（站）用电负荷要求的前提下，应做到接线简单、操作安全、调度灵活、检修方便。低压交流供电系统应采用 TN-S 接线方式。

3.1.2　局（站）变压器容量为 630kVA 及以上的应设高压配电装置。设有备用市电电源自动投入装置的两路市电引入的供电系统，变压器在 630kVA 及以上时，市电自动投入装置应设在高压侧；变压器容量在 630kVA 以下时，市电自动投入装置可设在低压侧。

3.1.3　通信局（站）应根据《全国供用电规则》的要求，对于容量较大的备用发电机组，当负荷的功率因数低于 0.7 时，应安装无功功率自动补偿装置，使其功率因数达到 0.8 以上。

3.1.4　通信局（站）所配置的备用发电机组，宜采用自动投入、自动切除、自动补给并具有遥信、遥测、遥控性能和标准的接口及通信协议的自动化机组。

3.1.5　要求交流不间断供电的通信负荷，应采用 UPS 供电系统供电；容量小于 10 kVA 时可采用逆变器供电系统供电。

3.1.6　低压市电间、市电与油机之间采用自动切换方式时必须采用具有电气和机械联锁的切换装置；采用手动切换方式时，应采用带灭弧装置的双掷刀闸。

3.1.7　自动运行的变配电系统应具备手动操作功能。

3.2　直流供电系统

3.2.1　由整流配电设备和蓄电池组组成的直流供电系统，对通信设备可采用分散或集中供电方式供电。

3.2.2 分散供电方式应根据通信容量、机房分布、维护技术和维护体制等条件，使电源设备尽量靠近负荷中心，并能提供机动灵活的扩容条件。对于大型通信枢纽，大型或重要的通信局（站）或有两个及以上交换系统的交换局，宜采用分散供电方式。

3.2.3 直流供电系统应采用在线充电方式以全浮充制运行。电池浮充电压、电池再充电或均衡充电电压、初充电电压等，均应根据蓄电池种类和通信设备端子电压要求计算确定。一般情况下对各种蓄电池的电压要求应在表3-1要求的范围内确定。

表 3-1　各种蓄电池的电压要求

电压要求 电池种类	浮充电压（V/Cell）	再充电或均衡充电电压（V/Cell）	初充电电压（V/Cell）
防酸型铅酸蓄电池	2.16 ～ 2.20*	2.25 ～ 2.35	2.35 ～ 2.40
阀控式密封铅酸蓄电池	2.20 ～ 2.27	2.30 ～ 2.35	2.35

* 注：指在电解液密度为 1.215g/cm³，温度为 25℃的条件下，在电解液密度为 1.240g/cm³，温度为 20℃的条件下，浮充电压为 2.20 ～ 2.25V/Cell。

3.2.4 通信局（站）用直流基础电源电压为 –48V。–48V 基础电源和 ±24V 直流电源的电压变动范围及杂音电压符合表 3-2 的规定。

表 3-2　–48 V 基础电源和 ±24V 电源电压变动范围及杂音电压要求

标准电压（V）	电信设备受电端子上电压变动范围（V）	衡重杂音（mV）	电源杂音电压 *					
			峰 - 峰值杂音		宽频杂音（有效值）		离散杂音（有效值）	
			频段（MHz）	指标（mV）	频段（kHz）	指标（mV）	频段（kHz）	指标（mV）
–48	–57 ～ –40	≤ 2	0 ～ 20	≤ 200	3.4 ～ 150	≤ 50	3.4 ～ 150	≤ 5
							150 ～ 200	≤ 3
					150 ～ 30 000	≤ 20	200 ～ 500	≤ 2
							500 ～ 30 000	≤ 1
±24	±19 ～ ±29	≤ 2	0 ～ 20	≤ 200	3.4 ～ 150	≤ 50	3.4 ～ 150	≤ 5
							150 ～ 200	≤ 3
					150 ～ 30 000	≤ 20	200 ～ 500	≤ 2
							500 ～ 30 000	≤ 1

* 注：电源杂音电压是指在供电系统电源设备输出端子上的测量值。

3.3　防雷与接地系统

（1）新建局（站）应采用联合接地。

（2）防雷与接地系统的设计应按 YD 5098—2006《通信局（站）防雷接地设计规范》有关规定执行。

3.4　监控系统

（1）通信局（站）电源系统监控应按 YD/T 5027—2006《通信电源集中监控系统工程设计规范》有关规定进行设计。

（2）监控系统的设计应充分考虑系统的可靠性、再扩容性。

4　设备配置

4.1　设备配置原则

4.1.1　通信电源设备的配置应符合下列要求。

（1）市电发生异常情况时，为保证对通信负荷和重要动力负荷可靠供电，应配置备用发电机组为备用电源。

（2）通信负荷要求不间断和无瞬变的交流供电时，宜采用 UPS 电源或逆变器电源。

（3）要求无瞬间停电的直流供电时，应设置蓄电池组；负荷小或电压低的，宜设置直流－直流变换器。

（4）当市电电压超出设备允许输入电压范围时，宜采用调压设备。

4.1.2　电源设备容量及满足期限应按下列条件分别确定。

（1）配电设备

- 高压配电设备远期负荷发展不大时应按远期负荷配置。

- 低压配电设备中配电柜的变压器输入总开关及母线应按本段低压母线的远期负荷配置；配电柜的数量可按满足近期负荷并考虑一定发展负荷的需要配置，应考虑扩容的方便。

- 一个供电系统远期发展负荷不大时，按远期负荷配置；一个供电系统远期发展负荷超出现有配电设备容量时，交流设备按现有最大配电设备容量配置。

- 一个系统的直流配电设备宜按远期负荷配置。

（2）换流设备

整流器、变换器、逆变器的容量应按近期负荷配置。交流不间断电源设备的容量应按近期负荷配置，远期负荷增加不大时可按远期配置。

（3）组合电源

组合电源整流模块数可按近期负荷配置，但满架容量应考虑远期负荷发展，单独建立的移动通信基站组合电源应具备低电压两级切断功能。

（4）蓄电池组

蓄电池组的容量应接近期负荷配置，依据蓄电池的寿命，适当考虑远期发展。

（5）发电设备

- 市电供电为一、二类的局（站），远期发展负荷大时，可按满足近期负荷并考虑一定的发展负荷需要配置。
- 市电供电为三类的局（站），宜按近期负荷配置。

以上市电类别的局（站）远期发展负荷不大时，宜按远期负荷配置。

- 市电供电为四类的局（站），应按近期负荷配置。
- 固定使用的发电设备宜选用柴油发电机组，对于单机容量超过 1 600kW 的局（站）可采用燃气轮发电机组；车载发电机组容量在 800kW 及以上的宜选用燃气轮发电机组；容量小于 10kW 的机动发电机组可选用便携式汽油发电机组。

（6）太阳电池

- 与市电相结合的混合供电方式电源系统中的太阳电池，当远期发展负荷不大时，应按分担的远期负荷配置；远期负荷发展大时，可按满足分担的近期负荷并考虑一定的发展负荷需要配置。
- 单独使用太阳电池与蓄电池构成的电源系统中，太阳电池的容量配置除按照上述原则承担全部负荷配置以外，尚应考虑蓄电池充电的需要。

（7）变电设备

- 当高压市电电压变动范围超出额定电压的 ±7%，宜采用有载调压变压器。

- 专用变压器（包括有载调压变压器）的容量应按满足近期负荷并考虑一定的发展负荷需要配置，并使经常运行负荷不宜小于其额定容量的 50%。

- 季节性负荷变化较大时，宜设置 2 台或多台变压器，其中一台承担季节性负荷，其余应能承担长期性负荷。

- 地市级以上通信局（站）变压器宜采用 2 台或多台变压器，在其中 1 台变压器故障或检修时，其余的变压器可满足保证负荷用电。

- 室内安装的变压器应采用干式变压器，变压器与配电设备同室安装时应配置防护罩。

（8）调压设备

调压器或稳压器的容量应按近期负荷并考虑一定发展负荷的需要配置。稳压器的容量不宜超过 200kVA，若超过时，可采用有载调压变压器。

（9）补偿设备

补偿电容器柜的容量应按近期负荷配置并考虑一定发展，应配置自动补偿装置，补偿电容器柜应配置一定比例的电抗器。

（10）滤波设备

当交流供电系统内总谐波电流含量（THD）大于 10% 时应配置滤波器。

4.2　备用发电机组配置

4.2.1　备用发电机组的台数应根据局（站）市电供电类别，见表 4-1。

4.2.2　规定配置。由三类或四类市电供电的移动通信基站、微波和光（电）缆的有人站、多局制的市话局中，可根据实际需要增配移动备用发电机组供临时调度用。

表 4-1　备用发电机组台数和蓄电池组放电小时数配置

市电类别	配置台数及放电小时数项目	通信枢纽[1]	中小型综合通信局	交换局	市话模块局	光缆微波有人站	光缆微波无人站[3]	移动通信基站 无线设备	移动通信基站 传输设备	卫星通信地球站	无线电台
一类市电	备用发电机组台数	1	1	1	1	—	—	—	—	1	1
一类市电	电池总放电小时数	1	1	1	1	—	—	—	—	1	—
二类市电	备用发电机组台数	2	2	2	1～2	2	2	—	—	2	2
二类市电	电池总放电小时数	1	1～2	1～2	1～3	3	[2]	1～3	12	1	
三类市电	备用发电机组台数		2	—	1～2	2	2	[4]	[4]	2	2
三类市电	电池总放电小时数		2～3	—	4～2	6～8	[2]	2～4	20	1	
四类市电 1	备用发电机组台数	—				2	2	[5]	[5]	—	—
四类市电 1	电池总放电小时数	—	—	—		8～10	[2]	3～5	24		
四类市电 2	备用发电机组台数	—	—	—	—	2	2	[5]	[5]	—	—
四类市电 2	电池总放电小时数	—	—	—	—	20～24	[2]	3～5	24	—	—

注 1：包含大型综合通信局。

注 2：无人通信站的电池放电小时数应根据以下因素考虑确定。

（1）使用无人值守柴油发电机组的站：

① 接到故障信号后应有一定的准备时间（一般不超过 1 h）；

② 从维护点到无人站的行程时间（按正常汽车行驶速度计算）；

③ 故障排除时间（一般不超过 3 h）；

④ 一般夜间不派技术人员检修（最长等待时间不超过 12 h）；

⑤ 对配备具有延时起动性能的备用发电机组的局站，延时时间应保证电池放出容量不超过 20% 的储备容量。

（2）使用太阳能供电的站，放电小时数按当地连续阴雨天数计算。

注 3：采用太阳电池等新能源时，可视维护条件多站共用一台移动发电机组。

注 4：在三类市电时，山区的移动通信基站宜每 5 个站配置 1 台移动发电机，平原宜每 10 个站配置 1 台移动发电机，在电力资源供应紧张或交通不便的地区可适当调整。

注 5：处于四类市电的基站至少每站应配置 1 台固定使用的发电机组，另外每 5 个此种类型的站配置 1 台移动发电机组

4.2.3 每台备用发电机组的容量应符合下列要求。

（1）一、二类市电供电的局（站），应按各种直流电源的浮充功率、蓄电池组的充电功率、交流供电的通信设备功率、保证空调功率、保证照明功率及其他必须保证设备的功率等确定。

（2）三类或四类市电供电的局（站），除按本条第 1 款各项设备的功率确定外，应包括部分生活用电设备的功率，四类市电供电的局（站）还应包括全部生活用电设备的功率。

（3）对交流不间断电源设备（UPS），核定其需要发电机组保证的功率时应根据其输入电流谐波含量的大小确定，当输入电流谐波含量在 5% ～ 15% 时，其需要的发电机组保证功率按 UPS 容量的 1.5 ～ 2 倍计算。

（4）无线电台每台备用发电机组容量应按设计任务书中提出的保证设备功率确定。无线电台有启闭电报的瞬变负荷时，每台备用发电机组的容量应按大于该类负荷设备总功率的两倍校核。

（5）有异步电动机负载的局（站），备用发电机组的单台容量应按不小于异步电动机额定容量的两倍校核。

（6）若一个城市内通信局多于 3 个且每局发电机组为单台配置时，可增配车载发电机组，其功率根据保证负荷最大的局确定，同时考虑一定的余量。

4.3　蓄电池组配置

4.3.1　直流供电系统的蓄电池一般设置两组。交流不间断电源设备（UPS）的蓄电池组每台一般设一组。当容量不足时可并联，蓄电池最多的并联组数不要超过 4 组。

4.3.2　不同厂商、不同容量、不同型号、不同时期的蓄电池组严禁并联使用。

4.3.3　蓄电池总容量应按表 4-1 的规定配置。铅酸蓄电池的总容量应按公式（4-1）计算。

$$Q \geqslant \frac{KIT}{\eta\left[1+\alpha(t-25)\right]} \qquad (4\text{-}1)$$

其中：Q——蓄电池容量（Ah）；

K——安全系数，取 1.25；

I——负荷电流（A）；

T——放电小时数（h），见表 4-2；

η——放电容量系数，见表 4-2；

t——实际电池所在地最低环境温度数值，所在地有采暖设备时，按15℃考虑，无采暖设备时，按 5℃考虑；

α——电池温度系数（1/℃），当放电小时率 ≥ 10 时，取 α=0.006；当 1 ≤ 放电小时率 <10 时，取 α=0.008；当放电小时率 <1 时，取 α=0.01。

表 4-2　铅酸蓄电池放电容量系数（η）

电池放电小时数（h）		0.5			1			2	3	4	6	8	10	≥ 20
放电终止电压（V）		1.65	1.70	1.75	1.70	1.75	1.80	1.80	1.80	1.80	1.80	1.80	1.80	≥ 1.85
放电容量系统	防酸电池	0.38	0.35	0.30	0.53	0.50	0.40	0.61	0.75	0.79	0.88	0.94	1.00	1.00
	阀控电池	0.48	0.45	0.40	0.58	0.55	0.45	0.61	0.75	0.79	0.88	0.94	1.00	1.00

4.3.4　UPS 电池的总容量，应按 UPS 容量，采用公式（**4-2**）估算出蓄电池的计算放电电流 **I**，再根据公式（**4-1**）算出蓄电池的容量。

$$I=\frac{S\times 0.8}{\mu U}\qquad(4\text{-}2)$$

其中：S——UPS额定容量（kVA）；

I——蓄电池的计算放电电流（A）；

μ——逆变器的效率；

U——蓄电池放电时逆变器的输入电压（V）（单体电池电压为1.85V时）。

4.4　换流设备配置

4.4.1　整流器的容量及数量应按下列要求配置。

（1）采用高频开关型整流器的局（站），应按 n+1 冗余方式确定整流器配置，其中 n 只主用，n ≤ 10 时，1 只备用；n>10 时，每 10 只备用 1 只。

主用整流器的总容量应按负荷电流和电池的均充电流（10 小时率充电电流）（无人站除外）之和确定。

（2）对于采用太阳电池等新能源混合供电系统供电的局站，当蓄电池 10 小时率充电电流远大于通信负荷电流时，主用整流器的容量应按负荷电流和 20 小时率的充电电流之和确定。

采用交流电源车上站充电的局站，整流器的总容量按负荷电流和蓄电池 10 小时率或 20 小时率的充电电流之和确定。

（3）采用电启动备用发电机组，无随机附带充电整流器时，应配置启动电池充电用整流器。电力室应配置处理落后电池用充电整流器。

4.4.2 采用直流 - 直流变换器时，按 **N+1** 冗余配置。

4.4.3 采用交流不间断电源设备时，其容量应按最大负荷功率确定；备用设备的配置，应根据通信负荷的重要性确定。

4.4.4 采用逆变器时，主用逆变器按最大负荷功率确定，配置一台备用。

4.4.5 单独使用太阳电池的供电系统，以及太阳电池与市电构成的混合供电系统中的太阳电池方阵总容量计算可参照附录 **C**。

4.4.6 采用多个太阳电池子阵分别调压的电源系统，太阳电池保留子阵的容量应按负荷电流与蓄电池补充充电电流之和计算确定，使其在日照最好的条件下发出的电流不会造成对蓄电池过充电。其余子阵的容量可按投入的先后顺序和日照曲线从小到大分级确定。

5　导线选择及布放

（1）高压柜出线、低压配电设备的交流进线导线截面宜按变压器容量计算，低压配电屏的出线截面应按被供负荷的容量计算。

（2）备用发电机组的输出导线，应按其输出容量选择导线截面。

（3）按满足电压要求选取直流放电回路的导线时，直流放电回路全程压降不应大于下列值。

- 48V 电源为 3.2V。

- 24V 电源为 2.6V。

- 采用太阳电池的供电系统中，太阳电池至直流配电屏的直流导线电压降可按 1.7V 计算。

（4）采用电源馈线的规格，应符合下列要求。

- 通信用交流中性线应采用与相线相等截面的导线。

- 线路的电压损失应满足用电设备正常工作及起动时端电压的要求。

- 按敷设方式及环境条件确定导体的载流量，同时应满足热稳定及机械强度的要求。

- 接地导线应采用铜芯导线。

- 沿海等有盐雾腐蚀的环境条件下，应采用铜芯导线。

- 机房内的导线应采用非延燃电缆。

（5）保护地线（PE）最小截面需满足表 5-1 的要求。

表 5-1　保护地线截面选择

相线截面 S（mm^2）	PE 线截面（mm^2）
$S \leqslant 16$	S
$16 < S \leqslant 35$	16
$S > 35$	$\geqslant S/2$

（6）直流电源馈线应按远期负荷确定，当近期负荷与远期负荷相差悬殊时，可按分期敷设的方式确定，设计时应考虑将来扩装的条件。

（7）导线布置应按 GB 50217—1994《电力工程电缆设计规范》的规定执行。

（8）高压电缆和低压电缆在室外不宜同沟敷设，同沟敷设时应分开两边敷设。二次信号电缆与一次电缆不宜同沟敷设，二次电缆需采用屏蔽电缆。

（9）交流电缆与直流电缆在机房内不宜同上线井、同架、同槽敷设。交、直流电缆无法避免同架长距离并行敷设时应采取屏蔽措施。

6　机房及设备布置

6.1　机房要求

通信电源各种机房工艺要求按 YD/T 5003—2005《电信专用房屋工程设计规范》设计。

6.2　设备布置

6.2.1　通信电源各种机房的设置应按实际需要确定，各种机房的功能划分应符合下列要求。

（1）高压配电室：安装高压配电设备及操作电源。

（2）变压器室：安装变压器设备。

（3）低压配电室：安装低压配电设备和无功功率补偿设备。

（4）变配电室：安装变压器与配电设备。

（5）发电机室：安装备用发电机组及附属设备。

（6）储油库：储备备用发电机组的用油。储油库的容量应按远期备用发电机组需要配置。市内的通信局应按不少于连续运行 2 天的储油量配置；郊外的通信局（站）应按不少于连续运行 5 天的储油量配置；储油库容量最大不宜超过 10 吨。油源方便的，也可采用油桶储油，油量不应少于连续运行 12h 用油。

（7）电力室：安装通信用的交流配电屏、直流配电屏、整流器、直流 - 直流变换器、屏式调压（稳压）器、组合式整流配电设备、交流不间断电源及逆变设备等整流配电设备。

（8）电池室：安装蓄电池组。使用防酸隔爆蓄电池时，电池室宜附设储酸室，存储硫酸、蒸馏水等。

（9）电力电池室：安装电力室和电池室的设备。

（10）集中监控室：安装集中监控终端设备。

6.2.2 有人通信局（站）一般设置电力值班室。规模容量较大的局（站）还应设置修机室，储藏室等辅助生产房间。

6.2.3 电力机房应尽量靠近负荷中心，在条件允许的通信局（站），电力电池室宜与通信机房合设。

6.2.4 在经常发生水灾地区的通信局（站），电源设备应设置在当地水位警戒线以上的机房内或采取其他防水灾措施。

6.2.5 发电机室设备布置应符合下列要求。

（1）备用发电机组周围的维护工作走道净宽不应小于 1m，操作面与墙之间的净宽不应小于 1.5m。

（2）两台相邻机组之间的走道净宽不宜小于机组宽度的 1.5 倍。

（3）发电机室内装控制、转换、配电设备时，各设备背面与墙之间的走道净宽不应小于 0.8m；其正面与设备（或墙）之间的走道净宽不应小于 1.5m；其侧面与墙之间的走道一般不小于 0.8m。

（4）发电机组的排气管路不宜多于 2 个 90° 弯，当排气管路过长或 90° 弯头超过 2 个时排气管，应加大截面积满足机组排气背压的要求。

（5）发电机室根据环保要求采取消噪声措施时，应达到附录 B 中 GB 3096—1993《城市区域环境噪声标准》的要求，机组由于消噪音工程所引起的功率损失应小于机组额定功率的 5%。

6.2.6 配电屏及各种换流设备的布置应符合下列要求。

（1）配电屏及各种换流设备的正面之间的主要走道净宽不应小于 2m。

（2）配电屏及各种换流设备的正面与侧面之间的维护走道净宽不应小于 1.2m。

（3）配电屏及各种换流设备的正面与背面之间的维护走道净宽不应小于 1.5m。

（4）配电屏及各种换流设备的背面与背面之间的维护走道净宽不应小于 1m。

（5）配电屏及各种换流设备可与通信设备同列安装；配电屏及各种换流设备的正面与通信设备的正面或背面之间的走道不应小于 2m。

（6）配电屏及各种换流设备的背面与通信设备的正面或背面之间的净宽应按通信设备相应的布置要求确定。

（7）配电屏及各种换流设备的正面与墙之间的主要走道净宽不应小于 1.5m。

（8）配电屏及各种换流设备的背面与墙之间的维护走道净宽不应小于 0.8m。

（9）配电屏及各种换流设备的侧面与墙之间的次要走道净宽不应小于 0.8m；如为主要走道时，其净宽不应小于 1m。

6.2.7　蓄电池组的布置应符合下列要求。

（1）立放蓄电池组之间的走道净宽不应小于单体电池宽度 1.5 倍，最小不应小于 0.8m；立放双层布置的蓄电池组，其上下两层之间的净空距离为单体电池高度的 1.2 ～ 1.5 倍。

（2）立放双列布置的蓄电池组，一组电池的两列之间净宽应满足电池抗震架的结构要求。

（3）立放蓄电池组侧面与墙之间的次要走道净宽不应小于 0.8m；如为主要走道时，其净宽不宜小于电池宽度的 1.5 倍，最小不应小于 1m ；立放单层双列布置的蓄电池组可沿墙设置，其侧面与墙之间的净宽一般为 0.1m。

（4）立放蓄电池组一端靠墙设置时，列端电池与墙之间的净宽一般不小于 0.2m。

（5）立放蓄电池组一端靠近机房出入口时，应留有主要走道，其净宽一般为 1.2 ～ 1.5m，最小不应小于 1m。

（6）卧放阀控式蓄电池组的侧面之间的净宽不应小于 0.2m。

（7）卧放阀控式蓄电池组的正面与墙之间，或正面与侧面或背面之间的走道净宽不应小于电池总高度的 1.5 倍，最小不应小于 1.2m。

（8）卧放阀控式蓄电池组的正面与墙之间的走道净宽不应小于电池总高

度的 1.5 倍，最小不应小于 1m。

（9）卧放阀控式蓄电池组可靠墙设置，其背面与墙之间的净宽一般为 0.1m。

（10）卧放阀控式蓄电池组的侧面与墙之间的净宽不应小于 0.2m。

6.2.8 阀控式蓄电池组可与通信设备、配电屏及各种换流设备同机房安装，采用电池柜时还可以与设备同列布置；立放阀控式蓄电池组的侧面或列端电池与通信设备、配电屏及各种换流设备的正面之间的主要走道净宽不应小于 **2m**；放阀控式蓄电池组的侧面与通信设备、配电屏及各种换流设备的侧面或背面之间的维护走道净宽不应小于 **0.8m**；卧放阀控式蓄电池组的正面与通信设备、配电屏及各种换流设备的正面之间的主要走道净宽不应小于 **2m**；卧放阀控式蓄电池组的侧面或背面与通信设备、配电屏及各种换流设备之间的维护走道净宽不应小于 **0.8m**，同列安装时可以靠紧。

6.2.9 移动通信基站不能满足上述要求时，其设备布置应满足安装、操作及最小维护距离的要求。

6.2.10 墙式盘不得安装在暖气散热片的上方或下方。

6.2.11 在要求抗震设防的通信局站，加固措施按 **YD 5059—2006**《电信设备安装抗震设计规范》设计。

6.2.12 太阳电池的布置应符合下列要求。

（1）太阳电池应尽量靠近负荷中心设置。

（2）太阳电池方阵宜布置在平面的机房屋顶或地面支架上。

（3）太阳电池方阵四周应留维护走道，净宽不小于 0.8m。

（4）太阳电池方阵采光面应向正南放置。方阵前方应无建筑物、树木等遮挡物。太阳电池与遮挡物之间的距离应根据不同地区、不同遮挡时限要求和遮挡物高度计算确定。

（5）前后排列的太阳电池方阵，应以前排方阵的高度，根据当地纬度和遮挡时限要求计算两排之间最小间距。当受面积限制采取提高后排基础高度的办法缩短前后排间距时，基础需要提高的高度应按公式（6-1）计算。

$$\Delta H'=(1-D'/D)H \qquad (6\text{-}1)$$

其中：$\Delta H'$——基础需要提高的高度（mm）；

   D'——缩短后的前后排间距（mm）；

   H——前排太阳电池方阵的高度（mm）；

   D——原定前后排间距（mm）。

附录 A 本规范用词说明

本规范条文执行严格程度的用词，采用以下写法。

（1）表示很严格，非这样做不可的用词：

正面词采用"必须"；

反面词采用"严禁"。

（2）表示严格，在正常情况下均应这样做的用词。

正面词采用"应"；

反面词采用"不应"或"不得"。

（3）表示允许稍有选择，在条件许可时首先应这样做的用词。

正面词采用"宜"或"可"；

反面词采用"不宜"。

附录 B　名词解释

（1）综合通信局（站）

指具有多种通信专业的局（站），一般地、市县局都属于这种局（站）。

（2）近期和远期

考虑工程建设规模需要对负荷进行经济合理的划分。本期工程建成投产后的 3 ～ 5 年内为近期；本期工程建成投产后的 10 ～ 15 年为远期。

（3）集中供电与分散供电

集中供电是指全局只设一个通信电源供电中心（如电力室，电池室），所有通信设备都由该供电中心的电源供电。

分散供电是指全局分设多个通信电源供电点，每个供电点对邻近的通信设备提供独立的供电电源。

（4）稳定可靠的电源

稳定可靠的电源指交流的供电电压和频率一般符合国家标准，其电压偏移幅度至少应能符合通信电源设备对市电的要求，并保证昼夜连续供电的电源。

（5）独立电源

独立电源一般指在运行中不受其他电源故障或停电影响的电源。在本规范中主要指发电厂（站）和由两个以上发电厂（站）组成环形电力网上的变电站（所）。

（6）引入供电线

引入供电线一般指符合下列供电方式引入的配电线路。

- 直接从发电厂（站）或变电站（所）的出线处引入的电缆专线或架空专线线路。

- 从发电厂（站）或变电站（所）的输电线路上直接引入的电缆线路

或架空线路。

- 从环形电力网上直接引入的电缆线路或架空线路。

（7）净宽

净宽一般指设备与设备或设备与墙面的最大突出部分之间的水平间距。例如：当墙壁上或靠墙有设备（墙式盘、暖气散热片、窗台板等）设置时，应从这些设备的最突出部分算起。

（8）低电压二级切断

低电压二级切断功能是近几年在移动通信基站组合电源广泛使用的技术，是鉴于移动通信传输网络结构的特殊性而采取的保障网络运行安全的措施，即当市电停电蓄电池放电过程中，当蓄电池电压达到某一数值后，自动切断基站无线负荷（一级切断），蓄电池优先供应传输负荷；当蓄电池电压达到终止电压时，切断所有负荷（二级切断），保护蓄电池。

附录 C　地面用中、小型太阳电池方阵容量计算

太阳电池方阵是由若干个太阳电池子阵构成的，每个太阳电池子阵又由若干个太阳电池组件串联、并联在一起构成。每个太阳电池组件一般由若干个单体太阳电池互相串联和必要的封装材料构成。目前常用的太阳电池组件多为平板式组件。地面用中、小型太阳电池方阵通常由平板式组件构成，并且多为固定安装、能按季节作向日调整的平面型式。太阳电池子阵是将太阳电池方阵根据调压需要划分电压相等、容量不同的几个部分。太阳电池方阵的容量计算，就是根据供电系统中的电压要求、太阳电池电源所分担的负荷电流大小和使用地点的日照条件等情况，计算出太阳电池方阵的总组件数，并根据每个组件在标准测试条件下的额定功率计算方阵的总功率，以便满足设计需要。

单独使用太阳电池与蓄电池购成的半浮充制供电电源系统中，太阳电池方阵总容量可按公式（C-1）计算：

$$P=\frac{V_{\mathrm{P}}I(8760-(1-\eta_{\mathrm{b}})T)(V_0N_{\mathrm{b}}+V_1)F_{\mathrm{C}}}{\eta_{\mathrm{b}}\eta T(V_{\mathrm{P}}+\alpha(t_2-t_1)N_{\mathrm{m}})} \tag{C-1}$$

其中：P——太阳电池方阵总容量（W）；

V_{P}——一个太阳电池组件在标准测试条件下取得的工作点电压（V）；

I——负荷电流（A）；

η_{b}——蓄电池充电效率，铅蓄电池取 $\eta_{\mathrm{b}}=0.84$；

T——当地年日照时数（h）；

V_0——每只蓄电池浮充电压（V）；

N_{b}——每组蓄电池只数；

V_1——串入太阳电池至蓄电池供电回路中的元器件和导线在浮充供电时引

起的压降（V）；

F_{C}——影响太阳电池发电量的综合修正系数，一般取 1.2 ～ 1.5；

η——根据当地平均每天日照时数折合成标准测试条件下光照时数所取的光强校正系数，一般取 η =0.6 ～ 2.3；

α——一个太阳电池组件中单体太阳电池的电压温度系数，其值为 −0.002 ～ −0.002 2 V/℃；

t_2——太阳电池组件工作温度（℃）；

t_1——太阳电池标准测试温度（℃）；

N_{m}——一个太阳电池组件中单体太阳电池串联只数；

8 760——平均每年小时数（h）。

在与市电组合的混合供电方式电源系统中，太阳电池方阵总容量仍可用公式（C-1）计算，只是公式中的 I 取太阳电池所分担的负荷电流。

采用加、撤太阳电池子阵方法调整供电电压的太阳电池控制器，其基本原理是根据光照强弱适时撤出或加入太阳电池子阵，借以保持供电电压基本稳定。一般情况下，规定一个太阳电池子阵固定接入，其容量应为一年中光照最好的一天中午一段时间内，该子阵所发出的电量恰能满足通信负荷要求，而不使蓄电池过充电。该子阵的容量可按公式（C-2）计算

$$P_{\mathrm{g}}=\frac{V_{\mathrm{P}}I(V_0N_{\mathrm{b}}+V_1)F_{\mathrm{C}}}{\eta_{\mathrm{z}}(V_{\mathrm{P}}+\alpha(t_2-t_1)N_{\mathrm{m}})} \tag{C-2}$$

其中：P_{g}——固定接入的太阳电池子阵总容量（W）；

V_{P}——一个太阳电池组件在标准测试条例上取得的工作点电压（V）；

I——负荷电流（A）；

V_0——每只蓄电池浮充电压（V）；

N_{b}——每组蓄电池只数；

V_1——串入太阳电池至蓄电池供电回路中的元器件和导线在浮充供电时引起的压降（V）；

η_{z}——根据当地平均中午日照时数折合成标准测试条件下光照时数所取的

光强校正系数，一般取 $\eta_z=0.95 \sim 2.50$；

α——一个太阳电池组件中单体太阳电池的电压温度系数，其值为 $-0.002 \sim -0.002\,2\text{V/℃}$；

t_2——太阳电池组件工作温度（℃）；

t_1——太阳电池标准测试温度（℃）；

N_m——一个太阳电池组件中单体太阳电池串联只数。

公式（C-1）中 η、公式（C-2）中的 η_z 选取方法见表 C-1 及图 C-1。

表 C-1　η 与 η_z 的选取方法

年总辐射量（kcal/cm² · 年）	η	η_z
90	0.6	0.95
110	0.8	1.00
130	1.00	1.20
150	1.20	1.50
170	1.50	1.80
190	1.80	2.20
210	2.20	2.40

太阳电池方阵总组件数，除去固定接入的子阵组件数，其余的组件可根据调压级数和日光照曲线进行分组，便依次接入的子阵数等于调压级数，而依次接入的子阵容量由小到大不等，以保持供电电压变化不大。例如，分三级调压的太阳电池方阵，假如除去固定接入的子阵容量后尚余 1 800W，则可根据日照变化曲线，将其按 1:3:5 分组，使首先接入的子阵为 200W，其次接入的子阵为 600W，最后接入的子阵为 1 000W。太阳电池子阵的切除，则按由大到小的顺序进行。

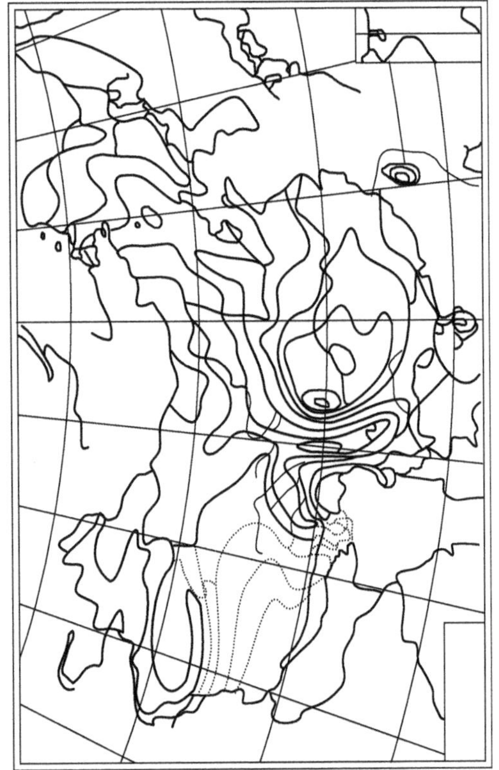

图 C-1　我国地面年总辐射量（kcal/cm^2·年）

附录 D　GB 3096—1993
《城市区域环境噪声标准》（摘录）

中华人民共和国 GB 3096—1993《城市区域环境噪声标准》中，关于城市 5 类环境噪声标准值摘录见表 D-1。

表 D-1　城市 5 类环境噪声标准值（单位：dB）

类　别	昼　间	夜　间
0	50	40
1	55	45
2	60	50
3	65	55
4	70	55

（1）　各类标准的适用区域。

- 0 类标准适用于疗养区、高级别墅区、高级宾馆区等特别需要安静的区域，位于城郊和乡村的这类区域分别按严于 0 类标准 5 dB 执行。

- 1 类标准适用于居住、文教机关为主的区域。乡村居住环境可参照执行该类标准。

- 2 类标准适用于居住、商业、工业混杂区。

- 3 类标准适用于工业区。

- 4 类标准适用于城市中的道路交通干线道路两侧区域、穿越城区的内河航道两侧区域。穿越城区的铁路主、次干线两侧区域的背景噪声（指不通过列车时的噪声水平）限值也执行该类标准。

（2）　监测方法按 GB/T 14623 执行。